ABHANDLUNGEN DER DEUTSCHEN AKADEMIE
DER WISSENSCHAFTEN ZU BERLIN

Klasse für technische Wissenschaften
Jahrgang 1953 Nr. 1

K. KEGEL

NEUERE ERKENNTNISSE AUF DEM GEBIETE DER BERGMÄNNISCHEN GEBIRGSMECHANIK

1953

AKADEMIE-VERLAG · BERLIN

Vorgelegt in der Gesamtsitzung vom 5. Februar 1953
zum Druck genehmigt am gleichen Tage, ausgegeben am 8. Juni 1953

Erschienen im Akademie-Verlag GmbH., Berlin NW 7, Schiffbauerdamm 19
Veröffentlicht unter der Lizenznummer 1218
des Amtes für Literatur- und Verlagswesen der Deutschen Demokratischen Republik
Satz und Druck: VVB Druck „Druckerei der Werktätigen", Halle (Saale)
Bestell- und Verlagsnummer: 2001/53/III/1
Preis: 12.— DM
Printed in Germany

Inhaltsverzeichnis

I. Allgemeines

Der Gebirgsdruck ist für den Bergbau von jeher Gegenstand schwerster Sorgen infolge der mit seinen Wirkungen verbundenen Betriebserschwernis in Gestalt der Stein- und Kohlenfallgefahr gewesen. Diese Gefahr wird genügend gekennzeichnet durch die nachfolgende, der Zeitschrift „Glückauf“ 1951, Seite 968 entnommenen Tabelle:

Unfallzahlen unter Tage im Oberbergamtsbezirk Dortmund
für die Zeit 1940—1949

Unfallursache	Unfälle insgesamt Anzahl	%	schwere Unfälle Anzahl	%	tödliche Unfälle Anzahl	%
Stein- und Kohlenfall	254 426	36,4	21 432	36,9	2 118	36,0
fallende Gegenstände	201 382	28,8	13 655	23,6	485	8,3
Absturz	114 888	16,4	8 129	14,0	583	9,9
Förderung	102 13	14,6	12 975	22,4	1 524	25,9
Übrige Ursachen	25 936	3,7	1 809	3,1	1 171	19,3

Die Steinfallgefahr steht also sowohl hinsichtlich der Gesamtzahl als auch hinsichtlich der Zahl der tödlichen Ausgänge an der Spitze der Unfälle. Diese Erkenntnisse veranlaßte schon um 1880 in Preußen die Bildung einer „Stein- und Kohlenfallkommission“. Die Arbeiten dieser Kommission hatten zweifellos den Erfolg einer Verminderung der Gefahren, wenn man die Zahl der Unfälle auf je 100000 t geförderter Kohle bezieht. Diese Verminderung wurde bewirkt durch Einführung eines systematischen, den jeweiligen Verhältnissen anzupassenden Ausbaues, durch Verbesserung der Abbaumethoden usw. Eine völlige Klärung der Erkenntnisse über den Gebirgsdruck wurde jedoch zunächst nicht herbeigeführt, da die Einteilung der gebräuchlichen Abbauarten in kleine, gegeneinander versetzte Bauabschnitte keine klar erkennbare, einheitliche Gebirgsdruckwirkung entstehen ließ. Erst die neuen Langfrontbauten ließen solche erkennen. Diese Feststellung führte wohl zu einer sehr erfolgreichen empirischen Ausnutzung, aber bis jetzt noch nicht zu einer restlosen Klarstellung des Gebirgsdruckes. Dieser Mangel geht z. B. aus einem Hinweis von F. Obladen aus dem Jahre 1951 über die noch nicht klargestellten Anforderungen hervor, die an die Tragfähigkeit der Stempel zu stellen sind [1]). Er regt deshalb an, durch planmäßige Untersuchungen zu klären, ob an der Forderung hoher Lastaufnahmen von 40—50 t, die von keiner der untersuchten Stempelbauarten bei genügender Gleichmäßigkeit der Stempelarbeit erfüllt wird, festgehalten werden muß.

[1]) Glückauf 1951, H. 13/14, S. 281—293. F. Obladen: Messungen zur Feststellung des Verhaltens einschiebbarer Stempel im Streb.

Neben der noch bestehenden Unvollkommenheit der Stempelkonstruktionen, die auch von Dr.-Ing. H. HOFFMANN [1]) gerügt wird, zeigt sich hiermit die Unklarheit über das Wesen des Gebirgsdruckes und dessen Anforderungen an den Grubenausbau.

Um zu einer möglichst einwandfreien Klärung der Gebirgsdruckfragen zu kommen, muß zunächst genau erläutert werden, was der Bergmann unter dem Begriff „Druck" oder „Gebirgsdruck" im allgemeinen versteht. Hierzu muß streng unterschieden werden zwischen a) statischem Druck und b) dynamischem Druck (Formänderungsdruck).

a) Ein Grubenraum ist statisch belastet, wenn die Beanspruchung des umgebenden Gebirges innerhalb dessen Elastizitätsgrenzen bleibt. Ebenso ist ein Grubenausbau statisch belastet, wenn dessen Belastung innerhalb der Elastizitätsgrenze des Ausbaumaterials bleibt.

   Ein Grubenraum, der nur statisch belastet ist, wird vom Bergmann als druckfrei angesprochen, da hier keine für ihn erkennbaren Druckwirkungen eintreten. Grundsätzlich spricht daher der Bergmann nur dann von druckhaftem Gebirge, wenn ein Formänderungsdruck, also dynamische Druckwirkungen vorliegen.

b) Eine dynamische Druckwirkung (Formänderungsdruck) kann nur vorliegen, wenn ein ausreichend starkes Druckgefälle vorhanden ist. Das bezieht sich sowohl auf die unmittelbare Beanspruchung als auch auf die mittelbare Beanspruchung des Ausbaues.

Eine Zermürbung des dichten Gebirges durch einen allseitig gleich hohen Druck findet nicht statt. Vielmehr muß in diesem Falle mit einer Erhöhung seiner Festigkeit gerechnet werden. Eine zerstörend wirkende Reaktionsart des Druckes kann nur bei Vorhandensein eines genügend starken Druckgefälles eintreten.

Die Reaktionsart des Druckes, also die Reaktionsgeschwindigkeit und die Reaktionstiefe sind abhängig von Festigkeit, Härte, Elastizität, Elastizitäts- und Plastizitätsgrad, Zähigkeit und Homogenität des Gesteins, von den Abmessungen der unter Druck stehenden Gesteinskörper, sowie von der Druckhöhe und der Druckwirkungsdauer. Von wesentlicher Bedeutung ist die Tatsache, daß der Plastizitätsgrad bei langsamer Verformung zunimmt. Eine Verformung kann daher bei schneller Ausführung und kurzer Wirkungsdauer vollkommen elastisch, bei langsamer Ausführung dagegen plastisch sein [2]).

Durch eine Verformung wird zwischen den Molekülen eines festen Körpers eine gegenseitige Verschiebung verursacht. Ist die Verschiebung schwach genug, so werden die Moleküle noch keinen Platzwechsel vornehmen. Immerhin ist das intermolekulare Kraftfeld mehr oder weniger gestört. Das System wird eine entsprechende Menge potentieller Energie absorbieren, die zu inneren Spannungen führt, welche den äußeren Kräften die Waage halten. Das Druckgefälle im beanspruchten Körper ist in diesem Falle vergleichsweise gering.

Wird die äußere Kraft in diesem Zustande aufgehoben, so bewegen sich die Moleküle unter Wirkung der inneren Spannungen auf ihre ursprüngliche Lage zurück unter Freiwerden der absorbierten potentiellen Energie. Der Vorgang ist rein elastisch.

---

[1]) Glückauf 1951, H. 13/14, S. 294—299. Dr.-Ing. H. HOFFMANN: Über die Vorgänge beim Knallen von Stahlstempeln.

[2]) R. HOUWINK: Elastizität, Plastizität und Struktur der Materie. Verlag Theodor Steinkopff, Dresden-Leipzig 1950.

Bei einer stärkeren Verformung, also bei stärkerem Druckgefälle und damit auch bei stärkerer Verschiebung der Moleküle kann der Fall eintreten, daß die Moleküle anfangs noch keinen Platzwechsel vornehmen, daß dieser aber bei längerer Wirkungsdauer der Verformung eintritt. Hierbei werden sich die Moleküle nach der durch ihre molekularen Nahkräfte gegebenen Möglichkeit der neuen Lage anpassen, um die Kohäsion aufrecht zu erhalten. Je nach den Lagen der Kräftepole sind hierzu Drehungen der Moleküle nötig, welche eine gewisse Zeit erfordern. Geht die Verschiebung entsprechend langsam vor sich, so wird die Kohäsion aufrecht erhalten. Bei zu schneller Verschiebung erfolgt eine zunehmende Kohäsionsminderung und schließlich der Bruch. Daraus folgt, daß bei einer dauernden mittelstarken Verformung in der Regel eine mit der Verformungsgeschwindigkeit zunehmende Festigkeitsminderung, die Ermüdung, eintreten muß.

Bei gleicher Verformungsgeschwindigkeit wird die Ermüdung durch die Anpassungsfähigkeit der Moleküle — bzw. auch der Kolloide — beeinflußt (Plastizität). Das Wechselspiel zwischen den zurückhaltenden inneren molekularen Nahkräften und den äußeren Verformungskräften zeigt sich auch in den elastischen Nachwirkungen, die oft nach Aufhebung der Verformungskräfte um so stärker sichtbar werden, je zäher der Stoff ist.

Die auf meine Anordnung von meinem Mitarbeiter Dr. WILLNER an Briketts durchgeführten Ermüdungsversuche bei Druck- und Biegungsbeanspruchung brachten Ergebnisse, die in den nachfolgenden Diagrammen dargestellt sind.

Die Druckfestigkeit stieg im Durchschnitt von etwa 170 kg/cm² bei einer Belastungszunahme von 1 kg/sec auf 220 kg/cm² bei einer Belastungszunahme von 8 kg/sec. Bei schnelleren Belastungszunahmen ergaben sich — von den pendelnden Werten abgesehen — stets etwa die gleichen Festigkeiten von 220—225 kg/cm² (Abb. 1).

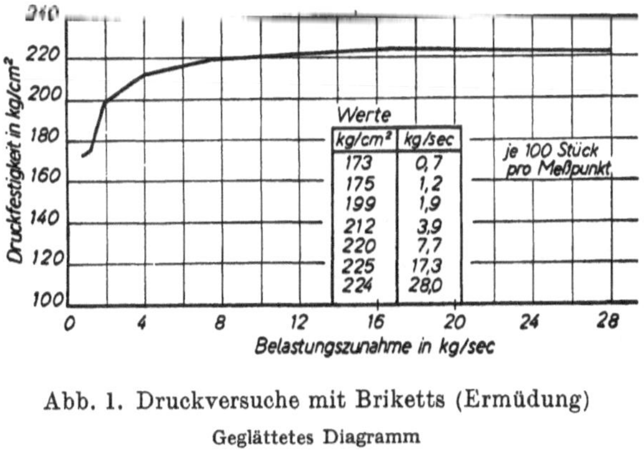

Abb. 1. Druckversuche mit Briketts (Ermüdung)
Geglättetes Diagramm

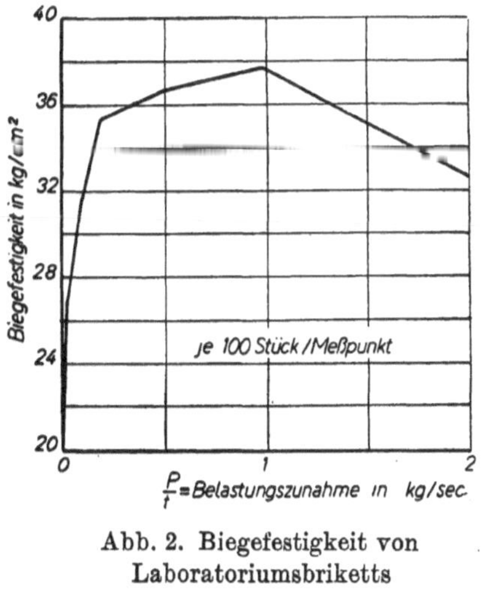

Abb. 2. Biegefestigkeit von Laboratoriumsbriketts

Die Biegefestigkeit stieg von 21 kg/cm² bei einer Belastungszunahme von 0,003 kg/sec auf 37,7 kg/cm² bei einer Belastungszunahme von 1 kg/sec. Bei einer Belastungszunahme von 2 kg/sec fiel die Biegefestigkeit auf 32,6 kg/cm². Auch spätere Versuche brachten bei Überschreitung einer bestimmten Belastungszunahme je Zeiteinheit eine wieder abfallende Biegefestigkeit (Abb. 2).

Die Ursache dieser auffallenden Erscheinung der wieder abfallenden Festigkeit bei zu schneller Belastungszunahme ist wohl darin zu suchen, daß bei der Biegebeanspruchung eine Zugbeanspruchung unterhalb und eine Druckbeanspruchung oberhalb der neutralen Faser auftreten muß. Da die Zugfestigkeit der Gesteine ebenso wie die der Briketts wesentlich geringer ist als deren Druckfestigkeit, so kann man annehmen, daß bei zu schneller Belastungssteigerung die auf Zug beanspruchten Teile gegen die mit der Dehnung verbundene Molekularverschiebung infolge der Materialsprödigkeit stärker reagieren, also schneller aufreißen, so daß die neutrale Zone nach oben wandert, die Biegungsfestigkeit also abnimmt.

Es ist einleuchtend, daß der durch den Druck bewirkten Zerstörung bzw. Formänderung stets diejenigen Gebirgsteile oder Ausbauteile zunächst und am stärksten anheimfallen, die den geringsten Widerstand leisten. So sind bei dem Gebirgsschlag, der am 24. Mai 1940 auf dem Kalisalzbergwerk Krügershall erfolgte, z. T. nicht die Pfeilerschäfte gebrochen, wie anfangs vermutet wurde [1]). Beim Aufwältigen einiger Bruchstellen wurde festgestellt, daß die Pfeilersockel nachgegeben haben. Die Pfeilersockel wurden dadurch gebildet, daß man die Kammersohlen nach der Mitte zu vertieft herstellte, um die Abförderung zu erleichtern (Abb. 3). Man schnitt hierzu in den liegenden, aus dünnschaligen Wechselfolgen von Steinsalz, Karnallit und Kieserit bestehenden, sogen. konglomeratischen Karnallit ein. Infolge der Wechsellagerung dünnschaliger Salzschichten von sehr verschiedener Elastizität und Plastizität haben diese liegenden Salzmassen eine wesentlich geringere Druckfestigkeit als die aus homogenem Karnallit bestehenden Salzpfeiler. In den Bauabteilungen, in welchen der liegende Karnallit *nicht* aufgerissen wurde, brachen, wie ich selbst feststellen konnte, die Pfeilerschäfte bzw. die Pfeilerwände in der bekannten durch Abb. 7 angedeuteten Art.

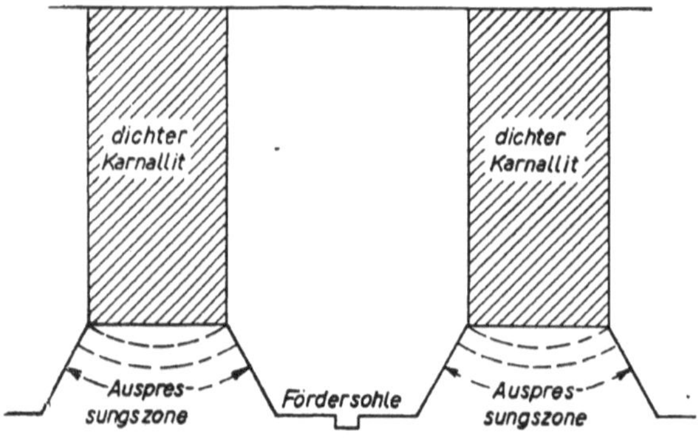

Abb. 3. sogen. Konglomeratischer Karnallit
Dünnschichtige Wechsellagerungen von Karnallit, Steinsalz und Kieserit

Grundsätzlich ändert sich also an meiner Auffassung über die Ursache dieses Gebirgsschlages nichts. Die Tragfähigkeit der Pfeiler war sehr groß und ebenso die Homogenität des Pfeilermaterials. Die relativ stärkste Beanspruchung mußten die Säulensockel

[1]) K. KEGEL: Bericht über die tatsächlichen Vorgänge einiger typischer Zusammenbrüche im Kalisalzbergbau. — Vortrag gehalten 23. 2. 50. Deutsche Akademie der Wissenschaften Berlin. Sonderdruck aus Miscellanea Academica Berolinensia, Akademie-Verlag 1950.

erleiden, da deren Material, wie bereits erwähnt, die geringere Widerstandsfähigkeit hat. Immerhin war auch deren Widerstandsfähigkeit genügend hoch, um eine langsame, sehr gleichmäßige Ermüdung eintreten zu lassen, die ich als Voraussetzung des Gebirgsschlages gekennzeichnet hatte. Hätte das Material der Sockel dieselbe Festigkeit wie das der Pfeiler gehabt, so hätten die Pfeilerschäfte überall brechen müssen.

Sind in härtere, festere Schichten verhältnismäßig weiche, plastische Schichten eingelagert, so geben diese den Gebirgsdruckwirkungen am stärksten nach und werden vorwiegend in die Richtung zum offenen Grubenraum gepreßt. Die von H. LABASSE [1]) gegebenen, in Abb. 4 u. 5 dargestellten Beispiele zeigen diese Vorgänge sehr gut. Interessant sind die Sohlenaufbrüche. Hat die durchbrochene feste Sohlenschicht eine erhebliche Widerstandskraft, so kann der Durchbruch gebirgsschlagartig erfolgen. Sofern die weiche unterlagernde Schicht eine genügende Mächtigkeit hat, kann der Streckenraum vollständig von den aufquellenden Massen ausgefüllt werden, also die in der Strecke beschäftigten Leute in höchste Gefahr bringen. (Vgl. KEGEL: Bergm. Gebirgsmechanik II. Auflage S. 46).

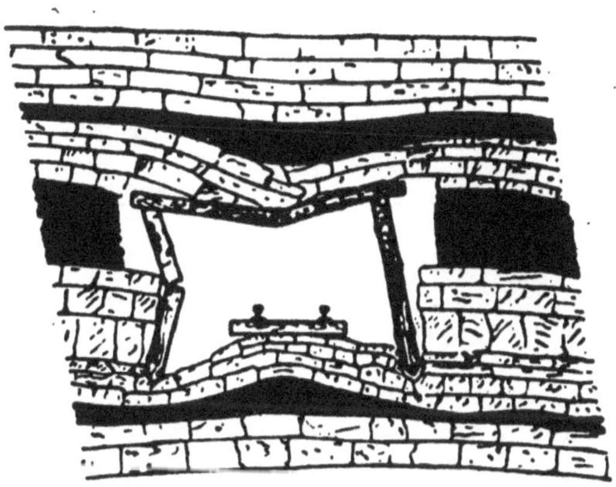

Abb. 4

Abb. 5

Druckwirkung weichplastischer Schichten

Die Druckfestigkeit genügend plastischer und homogener Gebirgskörper kann nach der von mir [2]) ermittelten Gleichung

$$y = (c + b \cdot d) \sqrt{\frac{\mathrm{d}}{\mathrm{h}}}$$

errechnet werden. Die Versuchsergebnisse beschränken sich auf Probekörper bis 25 cm Kantenlänge innerhalb des Abmessungsverhältnisses $\frac{h}{d} = 5$.

Hierbei sind:

y = ermittelte spezifische Tragkraft des Probekörpers in kg/cm²

[1]) Revue universelle des mines ... Lüttich 1950 Heft 1 und 2. H. LABASSE: Der Gebirgsdruck in Steinkohlenbergwerken. S. 44, Abb. 54.

[2]) K. KEGEL: Über die Berechnung der Tragfähigkeit von Bergfesten beim Kammerbau, insbesondere im Salzbergbau. Kali, verwandte Salze und Erdöl. 1942 H. 11/12.

c = statischer Druckspannungsbeiwert in kg/cm²
d = Kantenlänge der quadratischen Grundfläche des Probekörpers in cm
h = Höhe des Probekörpers in cm
b = Faktor des Verformungsdruckes, der das wirksame Druckspannungsgefälle im Körper anzeigt. b ist gleich 0 bis b_m. Hierbei ist b_m der Faktor desjenigen Verformungsdruckes, bei welchem infolge zu hohen Druckgefälles der Bruch eintritt.
$b \cdot d$ = mittlerer Verformungsdruck in kg/cm²
$b \cdot d \frac{d}{h}$ = wirksamer Verformungswiderstand bzw. wirksamer Verformungsdruckanteil in kg/cm²
$y = (c + b \cdot d) \sqrt{\frac{d}{h}}$ = Gesamtbelastung des Gesteinskörpers zwischen statischer Druckaufnahmefähigkeit und Bruchbelastung in kg/cm².
$y = (c + b_m \cdot d) \sqrt{\frac{d}{h}}$ = Bruchbelastung des Gesteinskörpers in kg/cm².

Aus der vorstehenden Gleichung geht hervor, daß die Druckhöhe, welche von einem bestimmten Material aufgenommen werden kann, nicht nur von dem statischen Druckspannungsbeiwert c, sondern auch von den Körperabmessungen bestimmt wird. Soll eine plastische Formänderung vermieden werden, also $b = 0$ sein, so muß die Gleichung lauten:

$$y = c \sqrt{\frac{d}{h}} \, .$$

Hieraus ergeben sich

$$d = \frac{h \cdot y^2}{c^2} \qquad \text{bzw. } h = \frac{d \cdot c^2}{y^2} \, ,$$

also entweder die erforderliche Mindestbreite eines Körpers von gegebener Höhe oder die zulässige Maximalhöhe eines Körpers von gegebener Breite unter der Voraussetzung eines bestimmten Druckspannungsbeiwertes c in kg/cm² und einer gegebenen spezifischen Belastung y in kg/cm².

Unterstellt man eine spezifische Belastung des 10 cm breiten Pfeilers von $y = 200$ kg/cm², so ergibt sich bei $c = 250$ kg/cm² eine zulässige Maximalhöhe des Pfeilers von

$$h = \frac{d \cdot c^2}{y^2} = \frac{10 \cdot 250^2}{200^2} = 15{,}6 \text{ m}.$$

Die zulässige Höhe sinkt bei $c = 120$ kg/cm² auf

$$h = \frac{10 \cdot 120^2}{200^2} = 3{,}6 \text{ m}.$$

Werden die Pfeiler bei gleicher Belastung und gleichem Querschnitt höher, so können sie nur den in einem Verhältnis $\sqrt{\frac{d}{h}}$ abnehmenden Teil der Belastung statisch aufnehmen. Der andere Teil wird für plastische Verformung frei. Er entspricht dem Verformungsanteil $b \cdot d \sqrt{\frac{d}{h}}$.

Setzt man $b \cdot d = s$ = mittlerer Verformungsanteil in kg/cm², so ergibt sich $b = \frac{s}{d}$.

Daraus ergibt sich, daß bei gleichem mittleren Verformungsanteil *s* der Wert *b* umso größer wird, je kleiner *d* ist. Abb. 6. Ist I = Querschnittsfläche des Versuchskörpers in cm², so ist $s \cdot I$ = Inhalt der mittleren Verformungsbelastung in kg. Bei gradlinigem Anstieg der anteiligen Verformungsdruckspannung entsteht über der Kopffläche eines Tragkörpers mit quadratischem Querschnitt ein Belastungsgebirge, dessen Inhalt der mittleren spezifischen Verformungsbelastung entspricht. Danach ist die in der Körperachse auftretende Körperspannung $S = 3\,s$. Ist nun
B = Druckspannungsanstieg in kg/cm² je cm
so ergibt sich

$$B = \frac{S}{{}^1/_2\,d} = \frac{3\,s}{{}^1/_2\,d} = 6\,\frac{s}{d}.$$

Da $b = s/d$ ist, folgt ein Druckspannungsanstieg von

$$B = 6\,b \text{ in kg/cm}^2 \text{ je cm.}$$

Aus der gleichen Überlegung folgt für langgestreckte rechteckige Pfeiler

$$B = 4\,b \text{ in kg/cm}^2 \text{ je cm.}$$

Nach der Gleichung $B = 4 \cdot \frac{s}{d}$ folgt, daß B um so größer wird, je kleiner d ist. Mit Abnahme von d nimmt also bei gleichem s das Druckspannungsgefälle B zu. Das zeigt klar die Abb. 6. Daraus folgt, daß nur das Druckspannungsgefälle zerstörend wirkt.

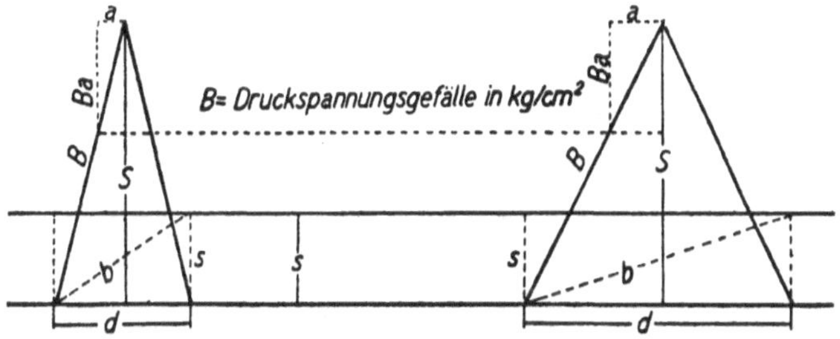

Abb. 6. Druckspannungsgefälle in Pfeilern von quadratischem oder zylindrischem Querschnitt

Das Druckgefälle B entspricht einer auf Abscherung wirkenden Kraft, die bei Überschreitung eines vom Material abhängigen Gefälles die Abscherung herbeiführt, weil die zwischen einer bestimmten Spannungsdifferenz B_a liegende, der Abscherung entgegenwirkende Stoffbreite a umgekehrt zum Druck- bzw. Spannungsgefälle wächst.

Diese Folgerung ergibt sich aus der Überlegung, daß in zylindrischen Körpern ein vom Schwerpunkt nach außen wirkendes Druckspannungsgefälle vorhanden sein muß, wenn eine Verformung des unter Druck stehenden Körpers eintreten soll. Abb. 7 stellt die Druckverteilung bei einem homogenen zylindrischen, in Richtung der Längsachse innerhalb der Elastizitätsgrenze belasteten Pfeiler dar. Die Säule ist dem Druck und der Materialelastizität entsprechend verkürzt und gleichzeitig tonnenförmig seitlich ausgedehnt. Es entstehen daher am Umfange tangentiale Zugspannungen und als Gegenwirkung zentral gerichtete Druckspannungen. Da sich die Druckspannungen nach innen summieren, so liegt in der Mittelachse ein Druckmaximum vor. Je stärker der Druckanstieg ist, um so näher rücken die Drucklinien bzw. Druckflächen der Druckspannungseinheiten zusammen, d. h. die „Feldstärke der Druckspannungen" nimmt zu und damit auch die Kohäsionsbeanspruchung. Im Pfeiler entstehen Scherkräfte, die, etwa vom

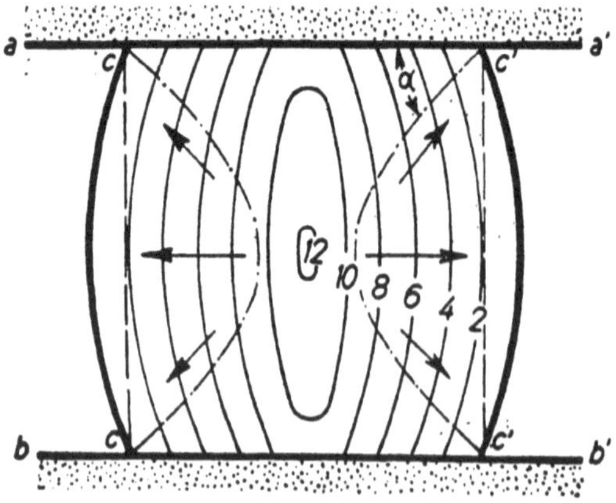

Abb. 7. Verteilung der Druckspannungen in einem stärker belasteten Pfeiler

Mittelpunkt der Längsachse ausgehend, nach den oberen und unteren Umfassungsrändern wirken und bei Überschreitung der zulässigen Scher- und Zugkräfte einen Zerfall derselben herbeiführen (MOHRsche Drucklagen).

Gefährlich für den Bestand des Pfeilers ist sonach allein das infolge der Druckbelastung entstehende Druckgefälle. Solange dieses nur eine innerhalb der Elastizitätsgrenzen liegende Beanspruchung herbeiführt, kann der Druck statisch aufgenommen werden. Molekulargleitungen treten erst ein, wenn die Elastizitätsgrenzen überschritten werden.

In den Grubenbauen kommt für die Tragfähigkeit von Pfeilern natürlich nur die jeweils kleinste Kantenlänge oder Breite eines Querschnittes in Frage, da diese den schwächsten Widerstand gegen die Druckkraft kennzeichnet. Diese Tatsache ist bekannt. Schließlich sind die in der Tiefe der Erde liegenden Gebirgsmassen äußerst hohen Drücken ausgesetzt, ohne zu zerbrechen, *solange* der Druck *allseitig gleichmäßig* ist. Natürlich können tektonische Drücke eine mehr oder weniger umfangreiche Zerrüttung auch sehr tief liegender Gesteine herbeiführen. Aber tektonische Drücke sind gerichtete Drücke, die in der Richtung der Druckwirkung ein Druckgefälle voraussetzen.

Ein gleichmäßiges plastisches Formänderungsvermögen haben nur Körper von homogener Materialbeschaffenheit. Unterstellt man ein Konglomerat aus Körnern verschiedener Elastizität, so werden diese durch den Druck in verschiedenem Maße zusammengedrückt. Das härtere Korn wird sich um ein geringeres Maß zusammenpressen bzw. verformen als gleichzeitig das anliegende weichere Korn. An den Berührungsflächen wird das Maß der Verkürzungsdifferenz mit der Korngröße wachsen. Überschreitet die Verkürzungsdifferenz ein gewisses absolutes Maß, so müssen an den Berührungsflächen Scherspannungen auftreten, welche ebenfalls mit der Korngröße zunehmen. Daraus folgt, daß sich sehr feinkörnige Gesteine fast ebenso wie homogene Körper verhalten, während bei gröberen Konglomeraten die Empfindlichkeit gegen Druckwirkungen mit der Korngröße und den Elastizitätsdifferenzen wächst. Selbstverständlich ist außerdem die ursprüngliche Haftkraft der Körner untereinander von wesentlicher Bedeutung, sowie der Anteil und die Festigkeit des groben Korns bzw. des Kittes aus dem Feinkorn.

Bei geschichtetem Gestein sind ebenfalls Haftkräfte der Schichten untereinander, sowie die Elastizitäts- bzw. Plastizitätsdifferenzen derselben von ausschlaggebender Bedeutung. Liegt z. B. in den Pfeilern eines Kammerbaues eine Wechsellagerung von Kieserit, Steinsalz und Karnallit vor, so wird unter der Wirkung eines starken, senkrecht zur Schichtenfläche gerichteten Druckes der weiche Karnallit schneller nach den offenen Grubenbauen ausweichen als die druckfesteren Steinsalz- oder Kieseritschichten. Letztere werden aber durch die Fließbewegung des Karnallits infolge der Reibungswiderstände auf Zug beansprucht. Da die Zugfestigkeit der Gesteine wesentlich geringer als ihre Druckfestigkeit ist, werden die Steinsalz- und Kieseritschichten bei stärkerer Fließbewegung des Karnallits schon durch verhältnismäßig geringe Druckbeanspruchung zerrissen. Sinngemäß haben auch Wechsellagerungen von Schichten verschiedener Härte, Festigkeit und Elastizität eine vergleichsweise geringere Festigkeit zur Folge.

Die Einwirkung der Schichtenmächtigkeit geht aus der Tatsache hervor, daß die Biegungssteifigkeit wächst nach der Gleichung

$$N = \frac{E \cdot h^3}{12 \cdot (1 - \gamma^2)} = \frac{E \cdot h^3}{12 \cdot (1 - 0{,}27^2)} = \frac{E \cdot h^3}{11{,}125},$$

wobei E = Elastizitätsmodul, h = Mächtigkeit der Schicht und γ = Querkontraktionskoeffizient (POISSONsche Zahl) für Gesteine rd. 0,27 sind.

Homogene massige Gesteine haben demnach relativ zum Material die höchsten Festigkeiten.

Eine wesentliche Erhöhung der Biegungsfestigkeit und Steifigkeit dünnbankiger Schichten wird bekanntlich erreicht durch den Zugankerausbau, durch welchen eine feste Verbindung mehrerer Schichten bewirkt wird, die letzteren fast die Eigenschaften einer geschlossenen mächtigen Schicht geben.

Die vorstehenden Betrachtungen über die Tragfähigkeit der Gesteine setzen stets eine ausreichende Plastizitätsziffer des Gesteinsmaterials voraus. Für Salzgesteine treffen diese Bedingungen zu. Im allgemeinen kann man wohl für mittelfeste Gesteine, wie sie vorwiegend in den Sedimentschichten vom Aluvium bis zum Karbon auftreten, eine für die Zuverlässigkeit der Gleichung ausreichende Plastizität annehmen. Diese Annahme ist um so berechtigter, als bekanntlich die Plastizitätsziffer mit der Zeitdauer der Einwirkung wächst, also bei Belastungen, die etwas unter der Bruchgrenze liegen. Die Erscheinung der allmählichen Ausbildung und gegebenenfalls der allmählichen Rückbildung der Formänderungen, die elastische Nachwirkung, sind für die großen Gebirgsmassen, die von den Abbauwirkungen betroffen werden, von sehr erheblicher Bedeutung. Daher sind die bei Zugbeanspruchung sich ergebenden Längenänderungen und die sich daraus ergebenden Meßzahlen der Gesamtdehnung, des Dehnungsrestes und der Federung, d. h. die Dehnungszahlen, durchweg Funktionen der Zeit[1]).

Für härteres und festeres Gestein ist zudem zu beachten, daß die vielfach angenommene Gesetzmäßigkeit zwischen Σ, α und σ in der Gleichung $\Sigma = \alpha \cdot \sigma$, bekannt unter dem Namen HOOKEsches Gesetz, keine allgemeine Gültigkeit hat. Sie kann nur für wenige Baustoffe, zu denen z. B. Schmiedeeisen und Stahl gehören, als einigermaßen zutreffend angesehen werden, aber auch nur mit Annäherung. SCHÜLE stellte 1896 die Gleichung $\Sigma = \alpha \cdot \sigma^m$ auf, die gute Ergebnisse bei den Versuchen mit Gußeisen brachte. Er ermittelte für Gußeisen den Wert $m = 1{,}0685$ auch $m = 1{,}0663$ und $m = 1{,}035$ für Druckbeanspruchung und $m = 1{,}083$ für Zugbeanspruchung. Allgemein ist zu beachten, daß bei Körpern mit $m > 1$ die Dehnungen rascher, aber bei $m < 1$ die Dehnungen langsamer als die Spannungen wachsen. Hiernach wölbt sich die Dehnungslinie der Gleichung $\Sigma = \alpha \cdot \sigma^m$ gegen die Σ-Achse und kehrt dieser die hohle Seite zu bei $m > 1$ und die hohle Seite gegen die σ-Achse, wenn $m < 1$ ist.

Von Interesse sind die Ergebnisse der Druckversuche, die BACH (BACH-BAUMANN, IX. Auflage S. 200) an gußeisernen Säulen von 1,98 cm Höhe und 1,98 cm Durchmesser, sowie an Säulen aus dem gleichen Material von 1 cm Höhe und 1,99 cm Durchmesser, sowie von 4 cm Höhe und 1,99 cm Durchmesser durchführte:

---

[1]) BACH-BAUMANN IV. Auflage: Elastizität und Festigkeit (1924) S. 112, 105/106.

Druckversuchsergebnisse an gußeisernen Säulen

h cm	Ø cm	F cm²	Druckfestigkeit kg/cm²
4	1,99	3,11	7232
1,98	1,98	3,08	7500
1,0	1,99	3,11	8579

Grundsätzlich ergibt sich, daß bei etwa gleichen Querschnitten die spezifische Druckfestigkeit umgekehrt zur Höhe wächst. Diese Versuchsreihe ermöglicht keine rechnerische Ermittlung der Druckbelastung in der von mir für Salz durchgeführten Weise. Die Versuche müßten an Säulen verschiedener Höhen durchgeführt werden, deren Durchmesser im einzelnen Falle gleich ihren zugehörigen Höhen sind. Erst dann führt die Messung der Druckfestigkeit an Säulen gleichen Durchmessers und verschiedener Höhen, verbunden mit Messungen an Säulen gleicher Höhen, aber verschiedener Durchmesser, zum Ziele.

Zu beachten ist, daß bei Gußeisen schon geringe Schwankungen des C-Gehaltes, des S-Gehaltes usw. erhebliche Festigkeitsschwankungen herbeiführen, die an Körpern kleiner Abmessungen besonders fühlbar sind und die sich erst bei größeren Massen ausgleichen, wenn hier nicht größere Zusammenballungen von Anreicherungen an C, S usw. auftreten. Die erforderlichen größeren Körper setzen allerdings voraus, daß entsprechend starke Versuchseinrichtungen zur Verfügung stehen.

Von besonderer Wichtigkeit für die Erscheinungen des Gebirgsdruckes im Bergbau neben der Auflast und den Eigenschaften des Gesteins sind die über und unter Gebirgspfeilern und an den Abbaurändern entstehenden Spannungsanhäufungen, die sogen. „Tragkörper" (Abb. 8) (KEGEL: Bergm. Gebirgsmechanik, II. Auflage S. 51, Abb. 33).

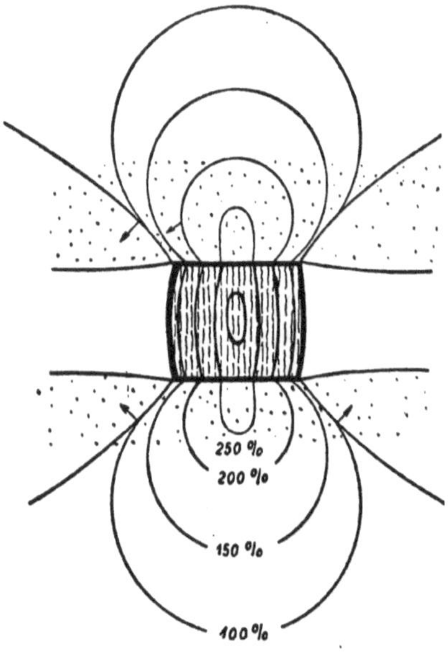

Abb. 8. Spannungsverteilung im Tragkörper

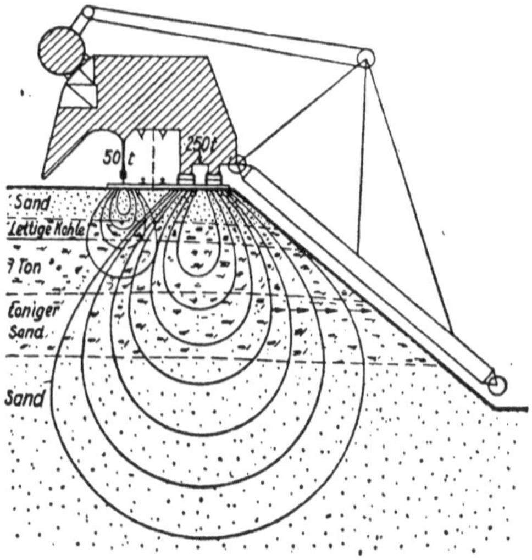

Abb. 9. Baggerstützkörper und dessen Seitendruckwirkung auf die Böschung

Oberhalb und unterhalb der Pfeiler muß je ein Spannungskörper („Tragkörper") entstehen, dessen Aufgabe darin liegt, den Druck aus dem Hangenden bzw. Liegenden zusammenzufassen und auf den Pfeiler zu übertragen. Das Druckmaximum dieser Tragkörper befindet sich an der Kopf- bzw. der Fußfläche des Pfeilers in dessen Schwerpunktachse. Innerhalb des Spannungskörpers herrscht ein nach außen gerichtetes Druckgefälle, das mit der Feldstärke der Druckspannung wächst. Im Bergbau wird dieser Spannungskörper oft durch die Gestaltung der Grubenbaue mehr oder weniger freigelegt oder gar angeschnitten, so daß eine entsprechend kräftige Seitendruckwirkung desselben entsteht. Das gilt sowohl für den Tagebau als auch für den Tiefbau.

So ist z. B. im Förderbrückenbetrieb der Grube Clara bei Welzow/N. L. wiederholt der Tiefbagger abgerutscht, weil dessen Gleis unmittelbar an der oberen Böschungskante lag und die Hauptlast des Baggers sich vorn an der Böschung befand (Abb. 9; Kegel: Gebirgsmechanik II. Aufl. S. 275, Abb. 178). Die Förderbrücke rutschte nie mit (Abb. 10; Kegel: Gebirgsmechanik II. Aufl. S. 272, Abb. 172), obwohl deren Auflast 400 t gegen 300 t des Baggers betrug. Aber die Lastenverteilung der Förderbrücke war günstiger, so daß deren anteiliger Druck an der Böschungskante nur 200 t gegen 250 t des Baggers betrug.

In derselben Weise wird der Tragkörper abgeschnitten, der sich längs des im Abbau befindlichen Kohlenstoßes im Hangenden bildet. Beim Strebbruchbau wird der über dem Ausbau entstandene Tragkörper durch den Abbruch der hinter der Bruchstempelreihe anstehenden Dachschichten unmittelbar freigelegt. Er bewirkt eine Seitenverdrängung der über dem Ausbau noch anstehenden Dachschichten, deren Druck infolgedessen an der Bruchstempelreihe abfällt.

Abb. 10. Böschungsrutschung durch den Seitendruck des Stützkörpers eines Baggers hervorgerufen

Die drucksteigernde Wirkung der Tragkörper von Restpfeilern auf benachbarte Flöze ist bekannt. Die tektonischen Druckwirkungen äußern sich da, wo sie im Bereich eines Bergbaubetriebes auftreten, je nach den örtlichen Verhältnissen äußerst verschieden. Vorzügliche Bearbeitungen der tektonischen Gebirgsschläge in den alpinen Blei-Zinkerzlagerstätten sind von Dr. mont. Dipl.-Ing. Tschernig[1]) veröffentlicht.

Auch in Gebieten, die anscheinend frei von stärkeren tektonischen Einwirkungen sind, können Beobachtungen gemacht werden, die mindest auf kleintektonische Ursachen zurückzuführen sind. Im Gebiete eines großen älteren Steinsalzsattels, der von mehreren Schächten und Querschlägen durchörtert ist, treten auffallend starke Druckerscheinungen in den Grubenbauen auf, die im Sattelkern stehen. An den Sattelflanken sind

[1]) Tschernig: Bergschläge in Bleiberg und ihre Beziehung zur jugendlichen Tektonik. Festschrift zum Leobener Bergmannstag 1937. Ferner eine umfassende, sehr aufschlußreiche neuere Arbeit des gleichen Verfassers. Dez. 1950.

die in gleicher Teufe und im gleichen Salz befindlichen Grubenbaue druckwirkungsfrei. Wahrscheinlich findet noch eine sehr langsam erfolgende Aufpressung des Sattels statt, deren Wirkung durch die Ablaugung im Salzspiegel das Gleichgewicht gehalten wird, so daß über Tage keine Folgeerscheinungen beobachtet wurden. Die dauernden geringen plastischen Bewegungen rufen im Sattelkern eine Kohäsionsminderung und zugleich eine fühlbare Druckwirkung hervor.

Mehr oder weniger erhebliche Druckwirkungen können auch durch chemo-physikalische Ursachen entstehen. Hierzu gehören u. a. die Quelldrücke, die viele Tone durch Feuchtigkeitsaufnahme ausüben. Gesteine, deren Kristalle oder Moleküle durch starke tektonische Druckwirkungen weitgehend gerichtet sind, neigen zu Gleitungen in den Richtungsflächen, so daß sie etwaigen Druckwirkungen leicht nachgeben. Es können sogar Wärmewirkungen hierzu ausreichen. Wahrscheinlich sind hierauf die Verbiegungen der in Abb. 11 dargestellten Marmorplatten zurückzuführen. Die Abbildungen verdanke ich Herrn Dr. KARL STAUSS zu Dresden. Wahrscheinlich handelt es sich bei den Marmortafeln um Marmor aus dem sächsischen Erzgebirge, der häufig tektonisch stark gerichtet ist und sich daher leicht verzieht.

Abb. 11. Werfung von Marmorplatten

Die Quellfähigkeit der Gesteine verursacht im Bergbau oft erhebliche Schwierigkeiten. Das „Quellen“ kann hervorgerufen werden durch das Vorpressen plastischer Gesteine infolge des Gebirgsdruckes, durch elastische Ausdehnung eines an den Grubenhohlräumen druckentlasteten Gesteins und schließlich durch echte Quellung, d. h. durch Volumenzunahme infolge kapillarer Aufnahme von Wasser.

Zur Erläuterung der echten Quellung muß davon ausgegangen werden, daß die Oberflächenberührung der mehr oder weniger feinkörnigen und plattigen Gesteinsteile klastischer Gesteine durchaus keine vollkommene ist. Der Anteil der tatsächlichen Berührungsflächen, an welchen eine unmittelbare Berührung der Oberflächenmoleküle zweier benachbarter Körnchen stattfindet, ist meist sehr gering. Nur an diesen Stellen liegt eine tatsächliche Kohäsion des Gesteins vor. Diese Berührung bzw. Verschmelzung kann durch Druck, aber auch durch Ausfällungen aus Lösungen usw. entstanden sein. Neben und zwischen diesen Haftstellen reihen sich zwischen den einzelnen Blättchen mehr oder weniger enge, flächenhafte Hohlräume an.

Kann nun Wasser in diese Hohlräume eindringen, so werden je nach der Netzfähigkeit zwischen dem Wasser und dem Festkörper mehr oder weniger starke Kapillarkräfte entstehen, welche die Seitenwände der Hohlräume gemäß ihrer Biegungswiderstände auseinander drücken. Die Quellung hört auf, sobald die Widerstände der Hohlraumwandungen den Kapillarkräften gleich sind, es sei denn, daß die Kapillarkräfte auch die Haftkräfte der Berührungsstellen überwinden und den Gesteinskörper zum Zerfall bringen.

Trifft diese Überlegung zu, so muß das kapillar aufgenommene Wasser durch entsprechenden Druck wieder ausgepreßt, die Quellung also entsprechend rückgängig gemacht werden. Jedoch stehen der Zusammenpressung die Netzkräfte entgegen, welche bei der Entlastung die Quellung beschleunigt hatten. Da es sich um molekulare Nahkräfte handelt, ist ihre hindernde Wirkung sehr erheblich. Die Zusammenpressung wird also stets sehr viel langsamer erfolgen als die Quellung.

Bei tertiären Tonen und ähnlichen Gesteinen liegen Berührungsstellen mit völliger Verschmelzung der Oberflächenmoleküle in der Regel nicht vor. Es handelt sich um Annäherungsstellen, an welchen zwar schon molekulare Nahkräfte von Korn zu Korn wirksam sein können, die aber doch durch einen schwachen Adsorptionsfilm von Wasser oder Luft getrennt sind. Es liegt daher am trockenen Stoff eine gewisse „scheinbare" Kohäsion vor, die aber durch die Kapillarkräfte einer eindringenden Flüssigkeit mehr oder weniger herabgesetzt werden kann. Kann die Flüssigkeit infolge ihrer Netzfähigkeit auch die molekularen Nahkräfte der einander gegenüber liegenden Oberflächenmoleküle überwinden, so wird bei genügender Flüssigkeitsmenge die Kohäsion völlig aufgehoben.

Vergleichsweise sehr wirksam ist die durch Austrocknung bewirkte Schrumpfung durchnäßter Tone, weil das Wasser in den Kapillarräumen während der Austrocknung das Bestreben hat, die Hohlräume durch seine molekularen Kräfte so stark zu verkleinern, daß es die verbleibenden Hohlräume voll ausfüllt.

Jedoch steht der Austrocknung eine erhebliche Minderung der bei bestimmten Temperaturen sich ergebenden Dampfdrücke entgegen, so daß zur völligen Austrocknung erhebliche Temperaturen erforderlich sind, die in der Regel mehrere 100° C betragen werden. Es ist durchaus nicht ausgeschlossen, daß die letzten Reste des kapillar und adsorptiv gebundenen Wassers erst in der Glühhitze ausgetrieben werden.

II. Die Druckwirkung in Grubenbauen

a) Druckwirkung auf Tunnel, Strecken usw., die außerhalb des Einflußgebietes eines Abbaues liegen und nicht tektonischen Drücken ausgesetzt sind

Die Wirkung des Druckes in Tunnel- und Streckenbauten ist unter den hier angegebenen Voraussetzungen abhängig von der Druckspannung und von der Beschaffenheit des durchörterten Gebirges im weitesten Sinne des Wortes. Zweckmäßig ist es, zur Klärung der Ursachen der Druckwirkungen von dem einfachsten Fall — einem homogenen Gebirge — auszugehen. Auch hier müssen die Gegensätze beachtet werden, die sich aus einem festen, harten Gebirge mit hohem Elastizitätsmodul einerseits und einem weichen plastischen Gebirge andererseits ergeben. Zwischen beiden Extremen gibt es alle Übergänge, von denen einige typische Fälle erörtert werden sollen.

Als Typ für ein sehr festes, genügend homogenes Gebirge sollen Granite, feinkörniger Marmor und ähnliche Gesteine unterstellt werden. Die Druckfestigkeit des Granites liegt zwischen 800—2000 kg/cm². Für die Betrachtung soll ein unter 1600 m Überlagerung anstehender Granit und Marmor mit 1500 kg/cm² Druckfestigkeit angenommen werden. Bei 1600 m Überlagerung und einem spezifischen Gewicht der Auflagerung von 2,5 ergibt sich ein Auflagedruck von $\frac{1600 \cdot 2{,}5}{10} = 400$ kg/cm². Der Auflagedruck überschreitet demnach die Festigkeit des Granites nicht, liegt aber in bezug auf diese schon sehr hoch. Es ist daher anzunehmen, daß an den Wandungen der Grubenhohlräume erhebliche elastische Spannungen auftreten.

Bei entsprechenden Spannungen nehmen Stollen und Strecken durch Ausbruch der statisch ungünstigen Stellen eine statisch günstigere Querschnittsform an. ANDREAE[1]) beobachtete, daß bei kompaktem, genügend homogenem Gebirge der Simplontunnel-Stollen das Bestreben hatte, einen kreisähnlichen Querschnitt anzunehmen. LABASSE[2]) hat eine eingehende mathematische Untersuchung über die günstigsten Querschnittsformen und über den zweckmäßigen Ausbau durchgeführt. Hierbei handelt es sich allerdings um wesentlich weicheres Gebirge.

In einem sehr engen rohrförmigen Hohlraum muß die Druckfestigkeit des Gesteins mit der Krümmung der Raumwandung zunehmen, da die einzelnen Teile (Moleküle) gewölbeartig verspannt sind. Hierbei kann unterstellt werden, daß der Widerstand der in der Zylinderwand liegenden Moleküle eines völlig homogenen Gesteins gegen das Hereinpressen in den Hohlraum mit dem Anlagewinkel zu den Nachbarmolekülen zunimmt. Bei gleichbleibender Molekülgröße muß der Anlagewinkel mit der Krümmung,

---

[1]) Fachtagung für Gebirgsdruckfragen, Leoben 1950. Dipl.-Ing., Prof. Dr.-Ing. C. ANDREAE, Zallikon-Schweiz: Gebirgsdruckfragen und Baumethoden im Schweizerischen Tunnelbau.

[2]) Revue universelle des mines. Janvier 1950. H. LABASSE, Ing. A. I. Lg. Professeur a l'Université de Liège: Les pressions des Terrains autour des Travers-Bancs horizontaux.

also mit dem abnehmenden Zylinderdurchmesser zunehmen. Daraus folgt, daß z. B. der Widerstand von engen Bohrlöchern gegen Verengung infolge hohen Gebirgsdrucks mit Abnahme des Bohrlochdurchmessers oft merklich wachsen muß.

Auch bei weiteren rohrförmigen Hohlräumen muß die Druckfestigkeit mit der Krümmung der Wandung zunehmen. Hier liegt zwar keine gewölbeartige Verspannung des Materials nach Art der Anlageflächen von keilförmigen Gewölbesteinen vor, welche den tangentialen Seitendruck aufnehmen. Der Widerstand gegen den aus dem Gebirgsdruck sich ergebenden tangentialen Seitendruck muß aber mit der Krümmung wachsen, weil dem von einem Oberflächenpunkt ausgehenden tangentialen Seitendruck eine um so schneller wachsende Widerstandsmasse des Gesteins entgegensteht, je stärker die Oberflächenkrümmung ist.

Bei einem homogenen Gebirge und gleichmäßigem allseitigen Druck ist die Kreisform des Hohlraumes die einzige Form, bei welcher die tangentialen Seitenkräfte ringsum miteinander im Gleichgewicht stehen. Wandteile, die aus der Kreisform in den Hohlraum hereinragen, sind den Abscherwirkungen der tangentialen Kräfte ausgesetzt. Daraus ergibt sich ohne weiteres die Tendenz langgestreckter Hohlräume, bei Druckwirkungen einen kreisförmigen Querschnitt anzunehmen. Dieser Vorgang hat nichts mit einer Gewölbebildung zu tun.

Naturgemäß werden in Strecken oder Tunnelbauten die Tangentialkräfte an der First durch das Gewicht der durch die Abscherwirkung mehr oder weniger gelockerten Massen unterstützt, während an der Sohle dieses Gewicht hemmend wirkt. Daraus ergibt sich von selbst die oft beobachtete etwa eirunde Querschnittsform mit der stärkeren Krümmung der First.

Es ergibt sich ferner, daß bei gleichen Teufen eine Festigkeitsminderung der Hohlraumwandung mit zunehmendem Krümmungshalbmesser derselben eintreten muß. Nach ANDREAE ist der Einfluß des Krümmungshalbmessers vergleichsweise größer als die Wirkung der Teufe, weil jede Inhomogenität des Gesteins um so schädlicher sein muß, je geringer die Wandungskrümmung ist, da sich die tangentialen Drücke dann um so stärker auswirken. Andererseits ist zu beachten, daß die Tangentialspannungen sich bei homogenem Gebirge und kreisrundem Stollenquerschnitt gegenseitig aufheben.

ANDREAE stellt nun fest, daß durch den Ausbruch der statisch ungünstigen Wandteile eine Steigerung des statischen Widerstandes des Grubenbaues eintritt, die zum Stillstand der Verbruchsbewegung führt, wenn der „Vertikaldruck kleiner ist, als die neue Druckfestigkeit“. Ist der Vertikaldruck (Auflagedruck) größer als die sich durch die Kreis- oder Ellipsenform ergebende höhere statische Festigkeit, so geht die Bewegung weiter, und zwar um so schneller, je größer der Krümmungshalbmesser wird. Ist die Festigkeitsbelastung nicht zu stark, so kann in der Regel eine völlige Bausicherheit erreicht werden durch eine *satt anliegende* Verkleidung (Ausmauerung). In den meisten Fällen genügt eine verhältnismäßig schwache Verkleidung, die aber am ganzen Umfange des Stollens völlig dicht am Gebirge anliegen muß. Es dürfen keine Hohlräume hinter der Verkleidung zurückbleiben. Auch die Ausfüllung der Hohlräume mit trockenem Versatz behebt die Schädlichkeit derselben nicht.

Die angeführten Erfahrungen, die bei der Herstellung des Simplontunnels gewonnen wurden, sind ein Beweis für die Richtigkeit meiner Theorie, nach welcher der Bruch eines Körpers durch Druck nur eintreten kann, wenn das zulässige Druckspannungsgefälle im Körper überschritten wird (Abb. 7; bzw. KEGEL, Gebirgsmechanik II. Aufl. S. 32, Abb. 20).

Im anstehenden harten Gebirge erzeugt der Druck kein weitgreifendes Druckgefälle. Durch die elastische Spannkraft des von allen Seiten gegen den Tunnelhohlraum vordrängenden Gebirges wird bei kreisförmigem Querschnitt des Tunnelhohlraumes und hohem Elastizitätsmodul des harten Gebirges nur eine schmale Entspannungszone gebildet, so daß schon dicht am Tunnelanfang bereits wieder die Druckspannung vorliegt, die der Auflast entspricht.

Ich wiederhole, daß die Druckbelastung durch die bis rd. 1600 m mächtige Auflagerung der Gebirgsmassen im vorliegenden Falle noch wesentlich unter der sogen. Druckfestigkeit des anstehenden Gesteins (Granit) liegt. Daher ist nur eine sehr minimale Ausdehnung des Gebirgskörpers erforderlich, um am Tunnelanfang eine völlige Entspannung zu erhalten. Die Entspannungszone wird um so schmaler, je härter das Gestein ist und je höher sein Elastizitätsmodul und seine Elastizitätsziffer sind. Der Druckspannungsabfall muß sich nach den obigen Ausführungen auf diese Randzone beschränken und wächst bei gleichem Auflagedruck umgekehrt zu deren Breite.

In Abb. 12 ist der durch die Auflast erzeugte Druck H unterteilt in die Drücke h_a und h_b, die beide etwa einander gleich sind. Jedoch erfolgt der Druckabfall h_b in dem breiten Zonenanteil b, während dem Druckabfall h_a nur die schmale innere Zone a zur Verfügung steht. Bei gleicher ursprünglicher Festigkeit des Gesteins muß die Wirkung des Druckabfalles h_a auf die schmale Zone a größer als die Wirkung des Druckabfalls h_b auf die Zone b sein. Eine zerstörende Wirkung des Druckspannungsabfalls muß also in der Zone a zuerst eintreten, während gegebenenfalls in der Zone b die Kohäsionskraft größer als die wirkende Druckspannung ist.

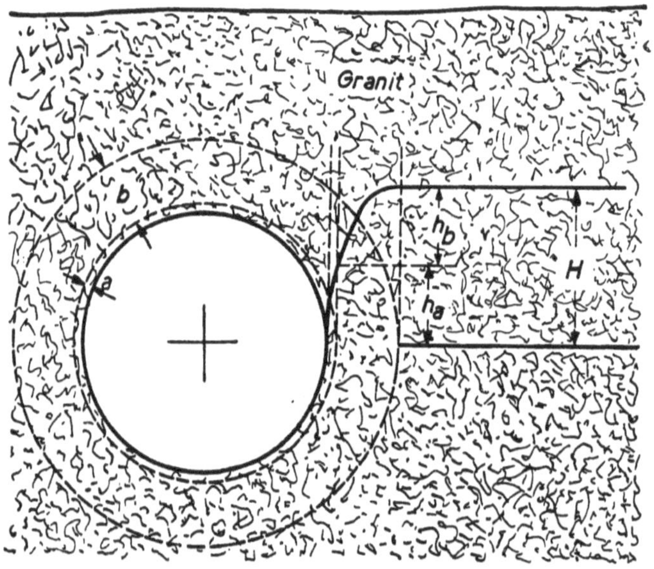

Abb. 12. Wirkung des elastischen Druckspannungsgefälles in Tunnelbauten und Strecken bei massigem sehr festem Gebirge von hohem E-Modul

a + b: Elastisch beeinflußte Randzone a: Zone des die Kohäsion übersteigenden Druckspannungsgefälles
b: Zone des die Kohäsion nicht übersteigenden Druckspannungsgefälles
h_a: Druckspannungsgefälle der Zone a h_b: Druckspannungsgefälle der Zone b
$H = h_a + h_b$: Allgemeine Druckspannung des den Tunnel- oder Streckenhohlraum umgebenden Gebirges

Daraus folgt, daß zunächst nur die Kohäsion des innerhalb der inneren Randzone *a* anstehenden Gesteins stark beansprucht ist. Solange die durch das Druckspannungsgefälle frei werdenden Scherkräfte in dieser Randzone geringer als die Kohäsionskräfte sind, kann kein Zerfall der Randzone eintreten. Hierbei ist zu beachten, daß die Expansionskräfte des Gesteins nicht nur radial zum Hohlraum, sondern vom einzelnen Körperstück nach allen Seiten, also auch mehr oder weniger tangential zum Tunnelumfang, wirken. An Stellen, an denen der Umfang von der Kreisform abweicht, kann dieser Expansionsdruck abscherend wirken. Ebenso werden tangentiale elastische Drücke in Richtungen von ursprünglichen Schwächezonen des Gesteins wirksam. Daraus ergibt sich zwingend, daß der Widerstand der Hohlraumwandung gegen die Druckwirkung mit der Wandungskrümmung, also mit abnehmendem Tunneldurchmesser, wächst. Diese Folgerung deckt sich mit der Beobachtung von ANDREAE.

Gehen die durch den Spannungsabfall freiwerdenden Scherkräfte nicht zu stark über die Kohäsionskräfte hinaus, so erfolgt zunächst infolge der sogen. elastischen Nachwirkung kein Zerfall. Die Einwirkung der Zeit auf das Verhältnis der Elastizitäts- und Plastizitätsziffer und damit auf die Ermüdung macht sich hier deutlich bemerkbar. Man kann die Zermürbungsvorgänge oft als knisterndes Geräusch und Aufeinanderfolgen von Bruchgeräuschen erkennen. Der Bergmann bezeichnet diese Vorgänge als „Arbeiten des Gebirges“. Immerhin darf die Sicherung der Hohlraumwandung nicht zu spät erfolgen. ANDREAE bemerkt: „Es muß in druckhaftem Gebirge die wichtigste Anforderung sein, die wir an die Ausbaumethoden stellen, daß sie in kürzester Frist nach Aufschluß des Gebirges zum fertig gemauerten Tunnel führe.“ Jedenfalls brachten die im Simplontunnel gewonnenen Erfahrungen die Erkenntnis, daß der Druck in der Regel erst allmählich auftritt, jedoch einmal ausgelöst, sich rasch erhöht, wenn ihm nicht noch rascher begegnet wird (Wettlauf zwischen Druckwirkung und Ausbau). Ferner stellte ANDREAE fest: „Im kleinen Stollen tritt der Gebirgsdruck in der Regel erst allmählich auf. Bei großen Querschnitten im Vollausbruch geht es viel schneller.“ Auch diese Erfahrungen decken sich völlig mit den obigen theoretischen Ausführungen.

Durch den in der inneren Randzone des Tunnels auftretenden Druckspannungsabfall (Abb. 12) wird die Kohäsion des im Rande anstehenden Gebirges nicht sofort aufgehoben, wohl aber übermäßig beansprucht, so daß bei zu langer Verzögerung des Ausbaues Druckwirkungen auftreten. Daraus folgt, daß ein Teil der durch den Spannungsabfall ausgelösten Scherkräfte durch die Kohäsionskräfte des Gesteins aufgefangen wird und der Ausbau nur den etwaigen Kräfteüberschuß aufzunehmen hat. Wird durch die Summe der Kohäsionskräfte im Gestein und der Druckaufnahmefähigkeit des Ausbaues ein Gleichgewicht zu den Scherkräften erreicht, so ist ein statischer Zustand des Ausbaues hergestellt.

Daraus ergibt sich, daß der Ausbau am ganzen Umfange des Stollens unmittelbar am Gebirge anliegen muß, um überall den Überschuß an Expansionskräften vollinhaltlich aufnehmen und damit eine schädliche Entspannung des Gebirges verhindern zu können. Hohlräume zwischen Ausbau und Gebirge müssen daher schädlich wirken. Dies gilt auch für den Fall einer Ausfüllung der Hohlräume mit Versatz, da dieser erst tragend wirken kann, nachdem er auf ein Maß zusammengedrückt worden ist, das die Elastizität des dahinter anstehenden Gebirges weit überschreitet.

Ebenso ergibt sich, daß zur Sicherung des Tunnels eine „verhältnismäßig schwache Verkleidung“ genügt, deren Druckaufnahme von 0 bis zu einem wesentlich unter der

Druckspannung des anstehenden Gesteins liegenden Betrage liegt. Die Verkleidung nimmt keinen erheblichen Druck auf und dient nur zum Schutze gegen Verwitterungseinflüsse, wenn das Druckgefälle vollständig von der Kohäsion des Gesteins aufgenommen wird. Im anderen Falle steigt der aufzunehmende Druck mit dem Druckgefälle der Randzone, also bei gleichem Gestein mit der Auflast. Er steigt aber auch mit der Zeitdauer zwischen Ausbruch und Ausbau, weil eine mit dieser Zeit zunehmende Kohäsionsminderung in der Randzone eintritt, so daß die Scherkräfte unvollkommener aufgefangen werden, wenn die Gebirgswandung nicht rechtzeitig durch den Ausbau genügend abgestützt wird.

Alle diese Folgerungen decken sich mit den von ANDREAE veröffentlichten Erfahrungen. Darüber hinaus ergibt sich noch die Folgerung, daß das Gebirge hinter der Spannungsrandzone unter dem durch die Auflast bedingten Druck statisch steht. Daher genügt die verhältnismäßig schwache Verkleidung für die von ANDREAE bekundete dauernde „völlige Bausicherheit" des Ausbaues. Auf keinen Fall kann etwa rings um die Randzone ein „Druckgewölbe" in Gestalt eines höheren Druckes auftreten, ein Druckgewölbe, das durch den *radialen* Druck des Gebirges zum Tunnelhohlraum entstanden sein soll. Eine solche Vorstellung wäre unwissenschaftlich und daher falsch. Eine Druckwirkung kann immer nur in der Richtung eines Druckgefälles stattfinden. Daher kann bei statisch bestehendem Ausbau nie zwischen Tunnelhohlraum und dem Gebirgskern eine Druckzone liegen, deren Spannung höher als die Druckspannung des anstehenden Gebirges ist. Die Randzone ist gegen das anstehende Gebirge nicht scharf abgegrenzt. Die Druckspannung geht vielmehr aus der Randzone mehr oder weniger schnell in den Bereich des statischen Auflastdruckes über (s. Abb. 12).

Das Gegenstück zu dem Ausbau eines Grubenraumes in einem festen, sehr harten Gestein mit hohem Elastizitätsmodul ist der Ausbau in einem weichen plastischen Gestein. Strecken, die in weichem Ton aufgefahren werden, unterliegen einer vergleichsweise hohen Druckwirkung, da der Ton dem Druck plastisch nachgibt, so daß er durch alle Öffnungen des Ausbaus mehr oder weniger „kriechend" nachdrängt. Infolge der Weichheit und Plastizität des Gesteins kann kein elastischer Druckspannungsabfall in demselben entstehen. Es kommen nur Reibungs- und Gleitwiderstände in Betracht. Daher haben auch die Druckvorgänge und die Druckverteilung in weichem Ton viel Ähnlichkeit mit hydrodynamischen Vorgängen. Es findet daher meist kein Zerfall des in die Grubenbaue eintretenden Tones statt. Er tritt vielmehr stromartig quellend ein. Eine TROMPETERsche Zone bildet sich hier nicht aus. Der Ton wird vielmehr nach kurzer Zeit hinter dem Ausbau völlig verdichtet und überträgt den Druck praktisch verlustfrei auf den Ausbau. Dieser wird infolgedessen in sehr kurzer Zeit praktisch mit dem vollen Auflastdruck belastet, muß diesen also statisch aufnehmen können. Auch nach mehrmaligem Zuführen der Strecke findet kein Nachlassen des Druckes statt, sofern noch weicher Ton ringsum ansteht, weil der Reibungswiderstand in den drückenden, weichen Gebirgsmassen flacher ansteigt als der Druck.

Es gibt natürlich auch homogene, massige Gebirgsschichten, deren Festigkeitsverhältnisse zwischen diesen beiden soeben behandelten Extremen liegen.

Hierzu gehört u. a. die miozäne Braunkohle. Bei Morschenich im Rheinland steht ein Braunkohlenflöz von ca. 60 m Mächtigkeit unter einer Überlagerung von rd. 250 m Deckgebirge an. Das unmittelbare Hangende besteht aus rd. 20—40 m Ton, in welchem vereinzelt Schwimmsand- bzw. Fließsandschichten auftreten, von denen nicht sicher ist, ob sie mit den über der Tondecke folgenden wasserführenden Sanden, Kiesen und Schottern — wenigstens örtlich — zusammenhängen oder nicht. Im Liegenden tritt ein mächtiger, wasserundurchlässiger Ton auf, in welchem keine Sandeinlagerungen gefunden wurden. Die Lagerung ist nach den Ergebnissen der mehrere hundert Meter auseinander liegenden Bohrungen sehr flach. Jedoch sind stärkere Verwerfungen möglich, die sich zum Teil in bezug auf die Bohrergebnisse aufheben und daher nicht erkannt wurden. Jedenfalls werden die Ausrichtungsstrecken aus diesem Grunde mit entsprechenden Vorsichtsmaßnahmen betrieben, um nicht unverhofft stark wasserführende Verwerfungsklüfte usw. anzufahren.

Das Flöz ist durch die Auflast stark elastisch zusammengepreßt. Beim Auffahren von Strecken hat man in Richtung der Streckenachse auf verschiedene Längen vorgebohrt und in die Bohrungen schwache Eisenstangen eingeführt, deren Länge der Bohrlochtiefe entsprach. Während nach einer bestimmten Zeit die Eisenstangen der ca. 20 m tiefen Bohrungen nur wenige cm vorgeschoben wurden, betrug der Vorschub nach mündlicher Mitteilung des Grubenmarkscheiders der rd. 2 m tiefen Bohrungen in derselben Zeit bis rd. 35 cm. Daraus ergibt sich eine starke elastische Volumendehnung.

Interessant ist die Tatsache, daß die Widerstände, die sich in der entspannten bzw. sich entspannenden Kohle gegen die weitere Volumendehnung bilden, stärker wachsen, als die Kräfte der Volumenspannung. Infolgedessen erreichen bei einer bestimmten Breite der Entspannungszone, die bei gleicher Kohle wesentlich von den Abmessungen des Grubenbaues bestimmt wird, Widerstand und Volumenspannung das Gleichgewicht, so daß diese Breite nicht überschritten wird. Strecken mit Eisenausbau zeigen daher nach mehrmaliger Zuführung keine erheblichen Druckerscheinungen. Auch LABASSE[1]) stellte die gleichen Erfahrungen fest, die er eingehend mathematisch begründete.

Je nach der Höhe des Auflastdruckes, je nach der Festigkeit, Elastizität und der Plastizitätsziffer sind zwei verschiedenartige Vorgänge denkbar.

Bei nicht zu hohem Auflagedruck und größerer Plastizitätsziffer kann der ganze Vorgang ausschließlich durch plastische Formänderungen der in den Grubenraum vordrängenden Kohle erfolgen. In diesem Falle unterscheidet sich im Endzustand die Strecke in der Kohle von dem Tunnel im Granit grundsätzlich nur dadurch, daß in der Kohle eine sehr breite Randzone um den Grubenbau auftritt mit entsprechend geringem Druckanstieg und allmählichem Übergang in die normale Druckspannung der genügend entfernt vom Grubenraum unverändert anstehenden Kohle. Der Ausbau hat auch hier nur den etwaigen Überschuß der Druckspannung zu tragen, der sich aus dem Elastizitätsmodul der Kohle gegenüber ihren in der Randzone insgesamt auftretenden Kohäsionskräften und inneren Reibungskräften ergibt. Eine TROMPETERsche Zone liegt auch hier nicht vor. Es gibt keine scharfe Grenze zwischen der Randzone und dem unter Normaldruck stehenden Gebirgsteil.

Bei relativ höheren Auflastdrücken erfolgt die Formänderung des am Umfange des Grubenbaues anstehenden Gesteins zu schnell — namentlich bei geringer Plastizitätsziffer —, um eine plastische Formänderung zu ermöglichen. Innerhalb einer gewissen Zonenbreite erfolgt eine mehr oder weniger starke Zerstörung der Kohäsion. Diese Zone entspricht der TROMPETERschen Zone, die scharf gegen das im Zusammenhang ge-

---

[1]) Revue universelle des mines. Janvier 1950. H. LABASSE, Ing. A. I. Lg. Professeur a l'Université de Liège: Les pressions des Terrains autour des Travers-Bancs horizontaux.

bliebene Gebirge abgegrenzt ist. An diese schließt sich eine Zone plastischer Formänderung, deren Druckspannung mehr oder weniger allmählich in die Normalspannung des dahinter anstehenden Gebirges übergeht.

Auch hier kann die Erscheinung eintreten, daß die Summe der Widerstände, die sich durch die Reibungs- und sonstigen Widerstände in der zermürbten TROMPETERschen Zone und durch die Kohäsions- und Reibungswiderstände der plastisch beeinflußten Zone bilden, im Gleichgewicht zu den Gebirgsdruckwirkungen stehen. Die losen Massen haben am äußeren, dem anstehenden Gebirge zugekehrten Rande nur den etwaigen Überschuß der Druckkräfte aufzunehmen, der sich aus dem Elastizitätsmodul des anstehenden Gesteins gegenüber den in der plastisch beeinflußten Zone auftretenden Kohäsions- und inneren Reibungskräften ergibt. Der Ausbau hat also nur den Drucküberschuß aufzunehmen, der sich aus der Differenz des von dem TROMPETERschen Zonenrand aufzunehmenden Druckes ergibt, vermindert um die Widerstandskräfte innerhalb dieser Zone.

Mit gewisser Einschränkung kann man die Druckvorgänge, die beim Abteufen von tiefen, in tertiären Sanden stehenden Gefrierschächten auftreten, mit den oben beschriebenen Vorgängen vergleichen. Man kann in diesen Schächten feststellen, daß in geringen Teufen — also bei geringem Druck und langsamer Formänderung — eine ausschließlich plastische Verengung des unverbauten Gebirgsstoßes eintritt, während in größerer Teufe die Riß- und Schalenbildung an den Stößen zu einem möglichst schnellen Ausbau des Schachtes — z. B. durch Anwendung von Unterhängetübbingen — zwingt. Diese Beobachtungen weichen nur insofern von den Beobachtungen in den Strecken ab, als der Gefrierkörper eines Schachtes nicht stark bzw. breit genug ist, um einen genügenden Reibungswiderstand aufnehmen zu können, wenn man von den Belastungen bei sehr geringen Teufen absieht.

In den vorstehenden Betrachtungen wurde stets ein homogenes, kompaktes, unzerklüftetes Gebirge vorausgesetzt. Mindestens wird eine geringe, nur stellenweise vorhandene Zerklüftung erwartet, die nur örtliche Störungen bringt. Jedoch treten z. B. in den Kalkalpen häufig stark zerklüftete Gesteine auf, die an sich sehr hart und fest sind, aber doch durch die Zerklüftung an Zusammenhang verloren haben.

Nach FIEDLER[1]) trifft die Meinung, daß die schnellste Fertigstellung des Tunnelbaues am günstigsten sei, nicht immer zu. Die damit ausgesprochene Nichtbeachtung des Faktors Zeit führte in vielen Fällen zu umfangreichen Zerstörungen.

Diese Stellungnahme FIEDLERS steht durchaus nicht im Gegensatz zu der von ANDREAE, wenn man beide auf die Gebirgsarten beschränkt, für welche sie aufgestellt wurden. ANDREAE gibt an, daß Bergschläge auf der Südseite des Simplontunnels „ganz besonders im spröden Antigorio-Gneis, auf der Nordseite im Monte-Leone-Gneis, im Lötschberg-Tunnel im festen Gastern-Granit auftraten.“ Es handelt sich also um spröde Gesteine mit sehr hohem Elastizitätsmodul und geringer Plastizitätsziffer. Bei diesen wird der Faktor Zeit am besten dadurch berücksichtigt, daß man den durch das starke Druckgefälle im Randgebiet auftretenden Scherkräften keine Zeit gibt, die Kohäsion des Gesteins zu zerstören. Hingegen geht FIEDLER davon aus, daß das im Tunnelbau überwiegend angetroffene Gebirge sich in der Regel weder in einem äußeren statischen Gleichgewicht noch in einem inneren chemisch-physikalischen Gleichgewicht befindet.

[1]) Leoben 1950, Internationale Gebirgsdrucktagung für Gebirgsdruckfragen: Doz. Dipl.-Ing. Dr. mont. K. FIEDLER: Gebirgsdruck im Tunnelbau. Der alte und neue Semmeringtunnel.

Die latenten aktiven Spannungen, d. h. die Beanspruchungen des anstehenden Gesteins, rühren nach FIEDLER her von dem Gewicht der Gebirgsmassen, von tektonischen Kräften und der im Gefolge chemisch-physikalischer Vorgänge bewirkten Volumenänderung der Gesteine. Diesen wirkt bei aufgelockerten Gesteinen, die eventuell rings um den Tunnel anstehen, der Widerstand gegen Zusammendrückung, Reibungswiderstand und der Kohäsionswiderstand entgegen. Insgesamt können diese Widerstände auch als Verformungswiderstand des Haufwerks angesehen werden. TH. VAN ITERSON[1]) hat durch Einzelversuche den Reibungsbeiwert zwischen Kohle und Nebengestein zu $f = 0{,}5$ ermittelt. Nach dem Schrifttum beträgt für Sandstein auf Sandstein $f = 0{,}735$ und für Ziegel auf Ziegel $f = 0{,}53$—$0{,}73$.

Es ist nach FIEDLER ein gewisses Maß von Auflockerung zur Bildung einer Schutzzone (also Trompetersche Zone) erforderlich, „um den notwendigen Druckabfall vom Innern des Gebirges (d. h. von der anstehenden Gebirgswand) zum Tunnelbauwerk zu gewährleisten". Dieses Maß hängt von den wirksamen Gebirgsspannungen, der Gebirgsfestigkeit, genauer gesagt, dem Verformungswiderstand des Gebirges und dem Widerstande des Einbaus ab. Das Tunnelbauwerk hat in der Firste auch noch den Schwergewichtsdruck der aufgelockerten Massen aufzunehmen.

Die Vorgänge und die zu treffenden Maßnahmen sind also grundsätzlich dieselben, wie bei einem massigen, unzerklüfteten Gestein, dessen Festigkeitsverhältnisse zwischen den hochfesten Gesteinen mit hohem Elastizitätsmodul und weichen plastischen Gesteinen liegen. Nur ist hier ein bereits mehr oder weniger durch tektonische Kräfte, chemophysikalische Einwirkungen usw. stark beanspruchtes Gebirge vorausgesetzt. Auch FIEDLER kommt zu dem Schluß, daß erfahrungsmäßig nur eine Ausmauerung von verhältnismäßig geringer Stärke erforderlich ist. Er führt aus, daß nach WIESMANN der Tunnelausbau nicht die Aufgabe hat, den Hohlraum gegen den Überlagerungsdruck abzustützen. Das bewirkt die Schutzhülle. Der Ausbau muß nur deren Erhaltung sichern.

FIEDLER weist mit Recht darauf hin, daß die Widerstandsfähigkeit der Schutzhülle, namentlich der losen Massen, gegen die Druckwirkungen durch Wassereinwirkungen stark beeinträchtigt werden kann. In einem bestehenden Bau können schwere Beschädigungen auftreten, wenn der Reibungs- und sonstige Widerstand in der Schutzzone — das gilt nicht nur für die losen Massen der TROMPETERzone, sondern auch für die Zone des wirksamen Druckspannungsgefälles — durch irgendwelche Einwirkungen abnimmt. Es war bei der Erörterung des weich-plastischen Gebirges schon darauf hingewiesen, daß der Ausbau den Auflastdruck völlig zu tragen hat, wenn die Widerstände der Schutzzonen insgesamt geringer bleiben als der wirksame, formändernde Druck des anstehenden Gebirges.

Die hier durchgeführten Betrachtungen stimmen nicht klar mit den Ausführungen von FENNER[2]) über die Gebirgsdruckwirkungen überein, insbesondere auch nicht mit der in Abb. 13 dargestellten Druckspannungsverteilung. Die Abweichungen sind darauf zurückzuführen, daß FENNER nur einen Idealfall streng mathematisch behandelt, der in der Natur kaum vorkommt. Er führt in der Einleitung seiner mathematisch sehr wertvollen Arbeit ausdrücklich aus, daß die Lösung seiner Aufgabe „nur bei Ideali-

---

[1]) Intern. Tagung über Gebirgsdruck und Ausbau im Abbau. Lüttich 1951, S. 68. F. K. Th. VAN ITERSON: Das Wunder der Grube.

[2]) Glückauf 1938, S. 681 R. FENNER: Untersuchungen zur Erkenntnis des Gebirgsdruckes.

sierung des behandelten Mediums möglich" sei, „da die aufgestellten Beziehungen Stetigkeit voraussetzen, was nur bei vollständiger Homogentät des Mediums und des ursprünglichen Spannungszustandes der Fall ist". Er setzt weiter voraus, daß die aufgestellten Plastizitätsbedingungen volle Gültigkeit haben und daß nach genügend langer Zeit, die ausschließlich durch die Raumdehnung bedingt wird, der in Betracht kommende Grenzzustand erreicht ist, weil sonst die mathematische Lösung der Aufgabe nicht eindeutig bestimmt wäre. Es wird also vorausgesetzt, daß das Gebirge vollkommen intakt bleibt, was aber in den besprochenen Fällen der Praxis nicht der Fall ist. Auch in den von ANDREAE besprochenen Fällen ist der Granit usw. in der Randzone bereits über die obere Elastizitätsgrenze hinaus belastet.

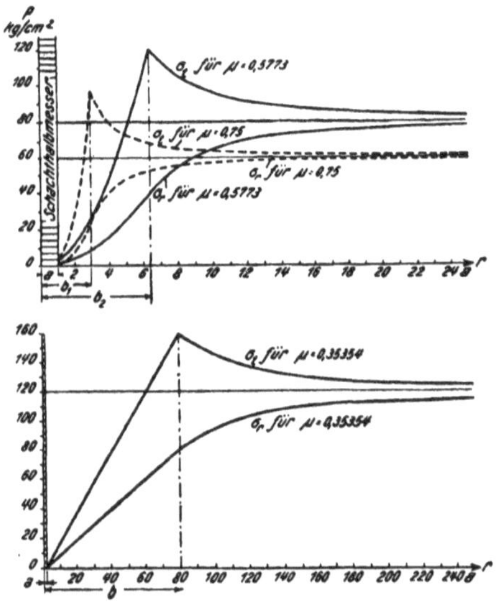

Abb. 13. Spannungsverteilung in Strecke nach FENNER

Nach der Darstellung der Abb. 13, die der Veröffentlichung FENNERS entnommen wurde, beginnt die Tangentialspannung am Gebirgsstoß stets mit dem Werte Null. Handelt es sich um ein sehr hartes Gebirge mit hohem Elastizitätsmodul und sehr niedriger Plastizitätsziffer, wie dies bei hartem, festem Granit der Fall ist, so muß die Tangentialspannung σ_t am Gebirgsstoße den Maximalwert haben, *wenn die Kohäsion zur Belastung in dem Verhältnis steht, daß eben noch ein statischer Zustand erhalten bleibt, oder wie* ANDREAE *ausführt: wenn der Vertikaldruck kleiner als die (neue) Druckfestigkeit ist.* Das ist in einem Teil des neuen Simplontunnels der Fall, der an einer solchen Stelle schon mindestens 12 Jahre unausgebaut stand. Nach FENNER müßte die Tangentialspannung in der Gesteinswand vom Nullwert unmittelbar auf den Maximalwert heraufspringen. Starke unmittelbare Spannungswechsel sind aber stets gefährlich für die Kohäsion. Es ist daher in diesem Falle eher anzunehmen, daß das Maximum unmittelbar am Gebirgsstoße liegt. Zu beachten ist, daß die Tangentialkräfte bei kreisförmiger Gestalt des Tunnelrohrs überall im Gleichgewicht stehen und sich gegeneinander aufheben. (vgl. S. 19, Abs. 4, Zeile 6 folgende).

Die Radialspannungen fallen nach FENNER vom anstehenden Gebirge stetig nach dem Schachthohlraum hin ab. Es kann wohl angenommen werden, daß in der Nähe des Schachtraumes, also am Wendepunkt der Linie σ_r ein erheblicher Teil der Radialspannung zur Bildung der Tangentialspannung, die infolge der stark abnehmenden Querschnitte stärker hervortreten muß, umgewandelt wird. Ob aber bei weichem plastischen Material die Tangentialspannung sich sprungartig ändert, müßte durch Messungen erwiesen werden. Man kann wohl annehmen, daß die Spannungsänderungen bei weicherem Material nicht plötzlich erfolgen.

Das Verhalten des plastischen Gesteins ist für die Hochgebirgstunnelbauten von geringerer Bedeutung. Hier kommen in der Regel sehr feste Gesteine in Frage. Es wäre daher zweckmäßig gewesen, wenn in der von FENNER entworfenen Abbildung gerade diese Extreme zwischen sehr festen, wenig festen und weichen Gesteinen berücksichtigt wären.

b) Druckwirkungen im Langstoßbau, bei flacher Lagerung und mittlerer Flözmächtigkeit, und streichendem Abbau besonders im Steinkohlengebirge

Der Langstoßbau wird grundsätzlich in der Weise durchgeführt, daß im Abstande von etwa 100—300 m (selten größerer Abstand) zwei parallele Strecken hergestellt werden, die miteinander durch einen rechtwinklig zu ihnen verlaufenden Durchhieb verbunden werden, der den Beginn des Abbaues ermöglicht. Bei einem sogen. streichenden Langstoßstrebbau (Abb. 14) liegen die Strecken etwa horizontal in der Streichrichtung der Flözebene, während der Abbaustoß sich rechtwinklig hierzu in der Einfallsrichtung der Flözebene bewegt. In der Skizze 14 ist der Abbau, der am Durchhieb „Überhauen“

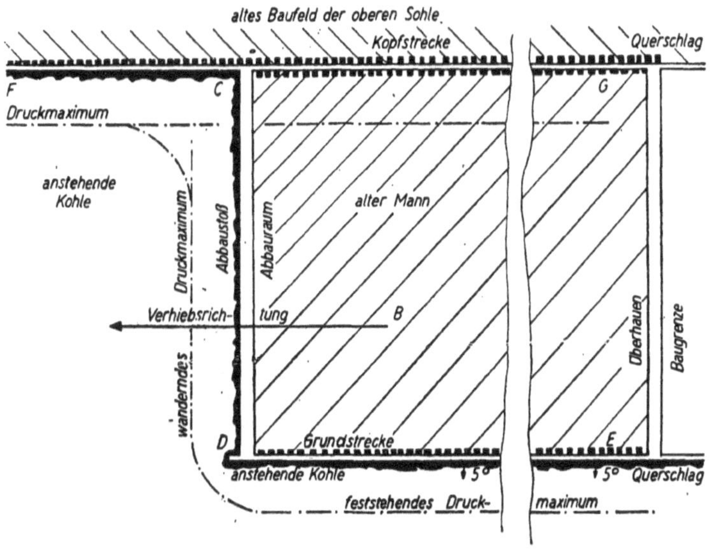

Abb. 14. Langstoßstreben

begonnen wurde, bis zur Linie *C—D* vorgerückt. Zwischen dem Abbaustoß und dem Durchhieb ist das Flöz abgebaut. Der entstandene Hohlraum, der „alte Mann“, wird mit Bergen versetzt und zwar je nach den örtlichen Verhältnissen mit fremden Bergen, mit eigenen, im Flöz als Zwischenmittel auftretenden Bergen oder durch „Selbstversatz“, d. h. durch einen sorgfältig geleiteten Nachbruch unmittelbar über dem Flöz anstehender, leicht brechender „Dachschichten“. Zwischen dem alten Mann und dem Abbaustoß bleibt ein zur Durchführung der Arbeiten erforderlicher Raum offen, der Abbauraum. Bei älteren Steinkohlenbetrieben ist in der Regel der oberhalb der oberen Strecke (Kopfstrecke) anstehende Flözteil abgebaut und als alter Abbau bezeichnet, so daß der in Abbau befindliche Flözstreifen bei *C* eine in das abgebaute Gebiet (alter Abbau und alter Mann) vorspringende Ecke bildet.

Betrachtet werden die Vorgänge in der Mitte der Abbaufront, gekennzeichnet durch die Linie *A—B*, sowie bei sehr festem Hangenden und Liegenden die Vorgänge an den Ecken *C* und *D*.

Durch den Abbau der Kohle wird dem über dem alten Mann anstehenden Hangenden die Unterstützung entzogen. Es muß absinken und zur Sicherung des Betriebes ein Stempelausbau eingebaut werden.

a) Stempelausbau

Die Aufgabe der Stempel besteht in erster Linie — außer dem Abfangen loser Schalen, (Sargdeckel usw.) — darin, den Verband der Dachschichten aufrecht zu erhalten, also ihre Auflockerung möglichst zu verhindern. Dazu sind Stempel von ausreichender Anfangstragfähigkeit besonders in Flözen mit ungünstigem Hangenden erforderlich. Es ist kennzeichnend, daß bis vor wenigen Jahren die Stempelkonstruktionen völlig unzureichend dadurch waren, daß sie einen Einsinkweg von 100—200 mm brauchten, ehe sie ihre maximale Last aufnehmen konnten. Zweifellos ist daran auch die Gewölbetheorie mit schuldig, denn der Vertreter dieser Theorie, Bergassessor Dr. FRITZ SPRUTH[1]) in Herne, führte noch in seinem Vortrag „Die Druckverteilung vor und im Strebraum" 1951 gelegentlich der internationalen Tagung über Gebirgsbau und Abbaustoß zu Liège

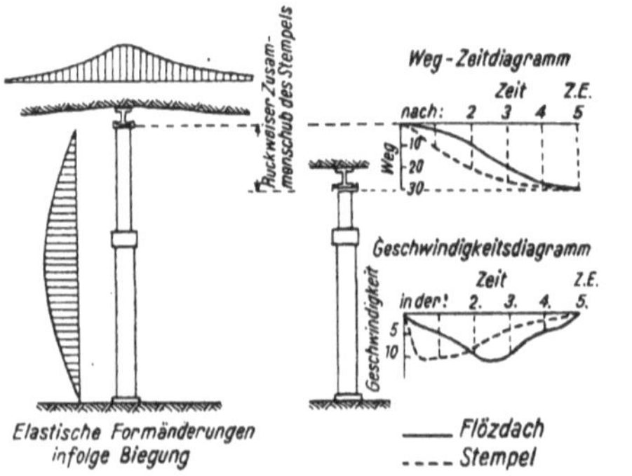

Abb. 15. Ablauf des Spannungsausgleichs bei plötzlichem Stempelzusammenschub

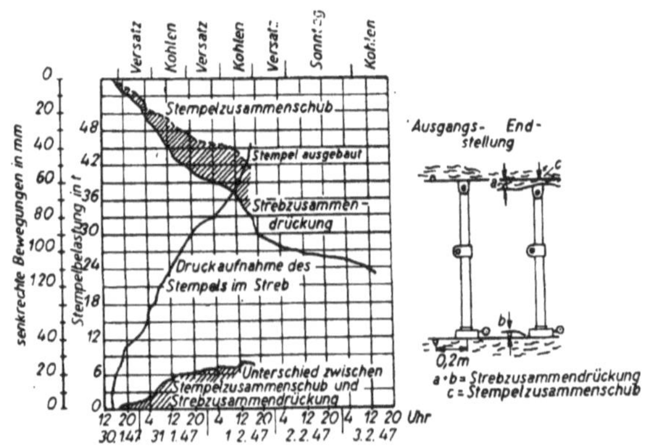

Abb. 16. Gebirgsbewegung und Stempelarbeit

Stempel 7 ohne Holzeinlage

über das Druckgewölbe aus: „Hierunter ist nicht ein gewölbeartiger Hohlraum, sondern ein vom Druck der auflagernden Schichten weitgehend *entlasteter* Gewölbekern zu verstehen." (Bericht des Institutes National de L'industrie Charbonniere, Liège 1951, Deutscher Text A. S. 37 u. folgende.) Daraus konnte die Folgerung gezogen werden, daß dieser Gewölbekern, der sich vom Gewölbebogen abgetrennt hat, keine deckenartigen Biegungen aufweist, sondern „entlastet" ist, so daß die Bedeutung der *Anfangstragfähigkeit* der Stempel *unterschätzt* wurde. Erst die Erfahrungen lehrten, daß gerade diese eine besondere Bedeutung hat und daß in dem Gebiete des angeblich entlasteten Gewölbekerns erhebliche Biegungsvorgänge der Dachschichten auftreten, wie aus Abb. 15 hervorgeht. Die hiermit verbundenen Drücke belasten nicht nur die Stempel, sondern auch die Stempelkappen, wie später noch näher ausgeführt wird. Man kann unterstellen, daß sich die Dachschichten widerstandslos auf die Kappen bzw. deren Verzug auflegen. Die vom Stempel aufgenommene Last würde sich dann gleichmäßig auf die Kappe verteilen. Die Deckenbiegung des Daches bewirkt jedoch bei sonst gleichartigen Voraussetzungen eine verschiedenartige Belastung je nachdem, ob die Stempel mit oder ohne Kappen eingebaut wurden. Von besonderer Bedeutung ist vor allen Dingen die Biegungsfestigkeit

[1]) Liège 1951 S. 37. Bergassessor Dr. FRITZ SPRUTH, Herne: Die Druckverteilung vor und im Strebraum.

und die Elastizität des Hangenden. H. HOFFMANN[1]) hat die Wirkung zu starrer Stempel auf die Biegungsbeanspruchung der ihn unmittelbar umgebenden Dachschicht — besonders der biegungsfesten — durch Messungen klargestellt. Aus Abb. 16 ergibt sich, daß die *Kurve* des Stempelzusammenschubes *flacher verläuft* als die der Strebzusammendrückung. Im Laufe der Beobachtung hat sich die Strebfirste um den Betrag a gesenkt und die Sohle um b gehoben. Die Summe $a + b$ ergibt die Strebzusammendrückung. Während der gleichen Zeit hat sich der Stempel um den Betrag c zusammengeschoben. Die Differenz $a + b - c$ entspricht dem Unterschied zwischen der Strebzusammendrückung und dem Stempelzusammenschub. Auf der Nebenzeichnung ist am Stempelkopf und am Stempelfuß die dadurch entstehende Wölbung der Sohle und der First durch Schraffur kenntlich gemacht. Entscheidend ist, ob bei der Aufwölbung über der Kappschiene und der Abwölbung unter dem Stempelfuß Firste und Sohle ihren Zusammenhang bewahren. Ist das nicht der Fall, so bohrt sich der Stempel oft in das Liegende ein (Pfahlwirkung). An den Kappschienen wird die Dachschicht oft durchgeschert, also mehr oder weniger zerklüftet. HOFFMANN hat nun eine Meßvorrichtung angewendet, um den Verlauf dieser Vorgänge genau zu verfolgen. Hierzu wurde neben dem Stempel eine Meßvorrichtung an einem in das Hangende eingesetzten Holzpflock befestigt. Die Einrichtung ist aus Abb. 17 (Glückauf 1951, S. 295, Abb. 3) klar zu erkennen. Senkt sich das Hangende oberhalb der Meßvorrichtung stärker als der Stempel, so wird das Zahnrad durch den Hebel 1a gedreht. Die Drehung wird auf den Zeiger 9 übertragen und kann abgelesen bzw. registriert werden. Mit zunehmender Durchbiegung des Hangenden steigt auch die Stempelbelastung, Abb. 18 (Glückauf 1951, S. 295, Abb. 2) bis der Reibungsschluß des Stempels überwunden wird und dieser sich ruckartig verkürzt (Knallen des Stempels). Hierbei streckt sich auch die Hangendfläche und das Spiel beginnt von Neuem.

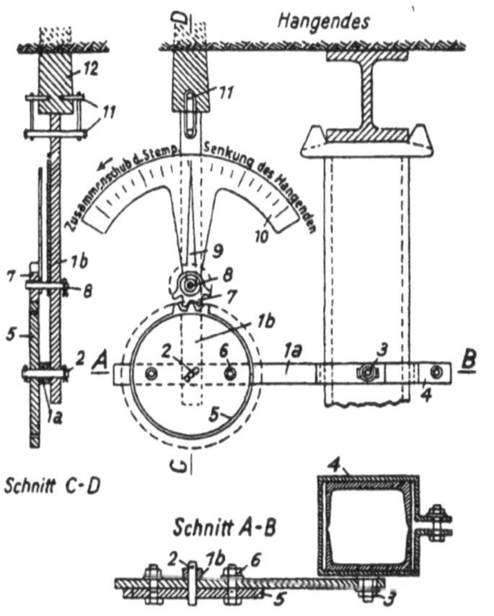

1 a und b Bandeisen
2 Gelenkzapfen
3 Gelenkige Schraubenverbindung
4 Klammer mit Befestigungsschraube
5 Zahnrad
6 Befestigungsschrauben von 5 an 1a
7 Ritzel
8 Zapfen mit Nabe zum Aufstecken von 7 und 9
9 Zeiger
10 Skalenträger
11 Stift und Nägel für Drahtschlinge
12 Holzpflock

Abb. 17. Meßvorrichtung nach HOFFMANN

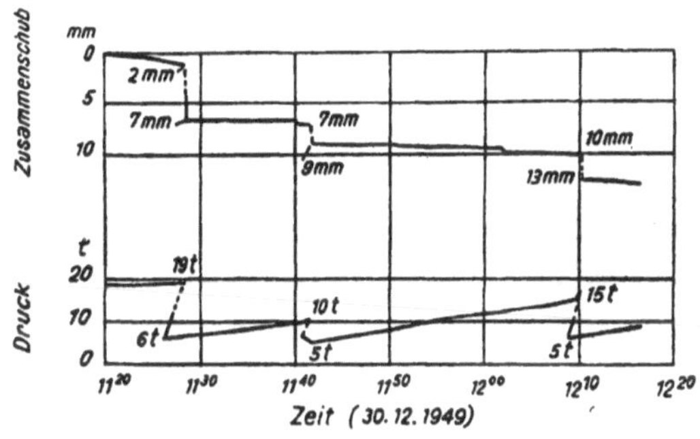

Abb. 18. Stempelknallen im Diagrammstreifen des Drucksenkungsschreibers vom Losenhausenwerk

[1]) Glückauf 1951, S. 294/299. H. HOFFMANN: Über die Vorgänge beim Knallen von Stempeln.

Daraus folgt, daß ein elastisches, hinreichend biegungssteifes Hangende sich zwar über dem Stempel zunächst durchbiegt, solange seine Spannkraft den Reibungswiderstand des Stempels nicht überwindet. Sobald dieser Widerstand überwunden ist, kommt es zu der von HOFFMANN beobachteten Streckung der Hangendfläche. In der Regel handelt es sich hierbei nur um geringe Stempelverkürzungen. Ist das Hangende fest und elastisch genug, so kann die infolge der Aufwölbung entstehende elastische Spannung des Hangenden den Einsinkwiderstand des Stempels so stark übertreffen, daß der Innenstempel plötzlich in den Außenstempel einsinkt. Es handelt sich oft nur um Bruchteile eines Millimeters, meist jedoch um mehrere Millimeter[1]). Es sind auch Verkürzungen bis zu 20 mm gemessen worden. Der Sprung ist mit einer Entlastung verbunden, die nach JACOBI bis auf den Wert Null erfolgen kann, wenn das Verhältnis zwischen den Reibungsbeiwerten der Ruhe und der Bewegung etwa den Wert 2 : 1 erreicht. OBLADEN[2]) hat völlige Entlastung beobachtet. Auch JARAUSCH[3]) berichtet von umfallenden Stempeln.

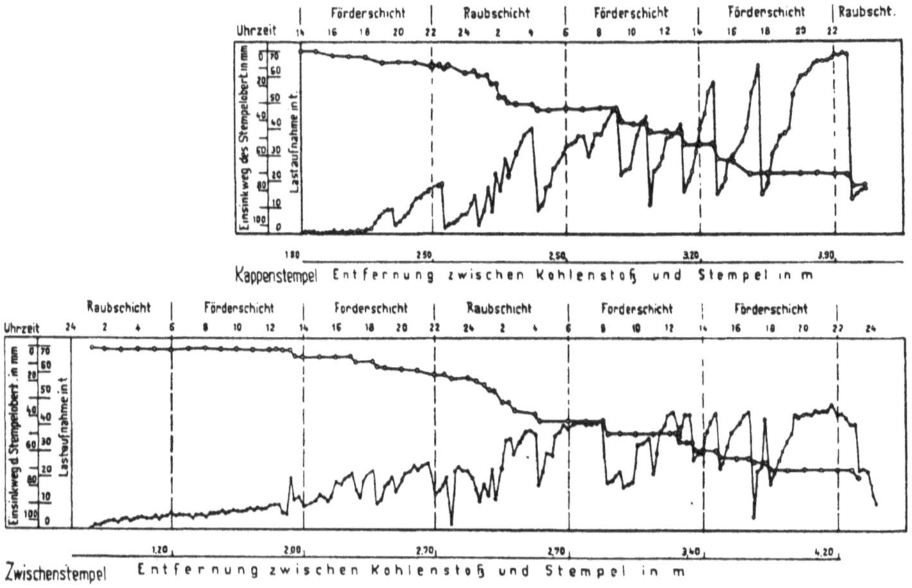

Abb. 19. Unterschiedliche Lastaufnahme von „Kappenstempel“ und „Zwischenstempel ohne Kappe“ bei stempelfreier Abbaufront

Dr. SPICKERNAGEL (Bergfreiheit 1951, S. 23: Gebirgsdruckmessungen im Strebhohlraum) weist darauf hin, daß durch das Absinken des Hangenden eine Formänderungsarbeit erfolgt, wodurch ein entsprechender Teil des Druckes verbraucht wird. Wird der Stempel ohne Kappen gestellt, so daß sich das Hangende ringsherum einfach durchbiegen kann, so ist die Lastaufnahme des Stempels verhältnismäßig gering. Wird der Stempel mit Kappen gesetzt, so unterstützt er eine größere Fläche des Hangenden und

[1]) Dr. O. JACOBI und H. LINK: Das Springen von Reibungsstempeln. (Glückauf 1951 S. 299/309).

[2]) Glückauf 1951, S. 281/293. F. OBLADEN: Messungen zur Feststellung des Verhaltens einschiebbarer Ausbaustempel im Streb.

[3]) Bergbau-Archiv Bd. 13, Verlag Eisen Glückauf S. 5/21 R. JARAUSCHE: Die Eigenschaften des Aluminiums als Werkstoff für Grubenausbauteile im Vergleich zum Stahl.

verhindert deren Durchbiegung. Der unverbraucht bleibende Druck äußert sich auf den Stempel (Abb. 19). SPICKERNAGEL weist ausdrücklich darauf hin, daß die Ursache der geringen Belastung nachträglich eingeführter Stempel nicht allein darin zu suchen ist, daß diese Zwischenstempel zeitlich später gesetzt werden als die benachbarten Kappenstempel. „Maßgeblich hierfür ist vielmehr auch, daß die Größe der unterstützten Hangendfläche, die von dem Zwischenstempel bzw. Kappenstempel getragen werden muß, unterschiedlich ist.“ Sie ist bei dem kappenlosen Zwischenstempel kleiner als bei dem Kappenstempel, womit besonders bei gebrächem Hangenden die „Auflast“ geringer wird. Eingehende Untersuchungen haben diese Überlegung bestätigt. Sie zeigen, daß die Zwischenstempel selbst dann, „wenn sie unter ähnlichen Verhältnissen wie die benachbarten Kappenstempel eingesetzt sind, erheblich geringere Belastung aufnehmen als die Kappenstempel“. Diese Feststellungen beweisen, daß es sich hier um reine Deckenbiegungen handelt, daß also Druckgewölbe mit entlasteten Massen nicht in Frage kommen.

Der Langstoßbau wird mit Bergen versetzt und zwar je nach den örtlichen Verhältnissen mit fremden Bergen, mit eigenen, im Flöz als Zwischenmittel auftretenden Bergen oder durch „Selbstversatz“, d. h. ein sorgfältig geleiteter Nachbruch unmittelbar über dem Flöz anstehender, leicht brechender „Dachschichten“. Zwischen dem alten Mann und dem Abbaustoß bleibt ein zur Durchführung der Arbeiten erforderlicher Raum offen, der Abbauraum. Bei älteren Steinkohlenbetrieben ist in der Regel der oberhalb der oberen Strecke (Kopfstrecke) anstehende Flözteil abgebaut (alter Abbau), so daß der in Abbau befindliche Flözstreifen bei *C* eine in das abgebaute Gebiet (alter Abbau und alter Mann) vorspringende Ecke und bei *D* eine in die anstehende Kohle einspringende Ecke bildet.

Zum Verständnis der Gebirgsbewegungen, die durch den Abbau veranlaßt werden, ist es erforderlich, zunächst

β) die allgemeinen Vorgänge der Hangendbewegungen bei bankigem Deckgebirge

zu untersuchen. Im allgemeinen kann man die Vorgänge bei der Hangendabsenkung sich etwa folgendermaßen denken: Die unterste Dachschicht soll nicht herabbrechen, sondern sich über den offenen Abbauraum hinweg bruchfrei auf die Vorderkante des Versatzes absenken und vom Versatz getragen werden. Ebenso sollen die nachfolgenden höheren Dachschichten möglichst unmittelbar folgen, so daß keine ausgedehnten Schichtenfugen entstehen. Bei diesen Absenkungen lockern sich die Schichten etwas auf. Jedoch muß der Bergmann Maßnahmen treffen, daß die Auflockerung möglichst eingeschränkt bleibt, um eine hinreichende Eigenfestigkeit der unteren Dachschichten beizubehalten.

Daraus ergibt sich die Notwendigkeit für den Stempelausbau, daß dieser schon bei geringstem Einsinkweg — verlangt wird ein solcher bis zu 1 cm — in der Lage ist, die Last der unteren 5—6 m des Dachgebirges zu tragen.

Die Schichten legen sich natürlich mit ihrer Auflockerung wieder auf den Versatz auf. Die zuzulassende geringe Auflockerung soll, solange sie noch makroskopisch sichtbar ist, als Feinlockerung bezeichnet werden im Gegensatz zu dem als Groblockerung bezeichneten Verbruch einerseits und zu der als Feinstlockerung bezeichneten elastischen Ausdehnung der druckentlasteten Schichten andererseits.

Aus den Betrachtungen folgt, daß Einsinkwege der Stempel von 100—200 mm bis sie die erforderliche Tragfähigkeit erreichen, die Entstehung von Bruch- und Abscherspalten unvermeidlich machen, so daß das Dach über dem offenen Abbauraum mehr oder weniger zerstückelt ist. Stehen nun die Stempel zufällig nicht *unter* den Schwerpunkten der Dachgebirgsschollen, so können sie durch eine Drehbewegung den Ausbau umwerfen, so daß ein mehr oder weniger umfangreicher Zusammenbruch erfolgt.

Andererseits ergibt sich bei mächtigen biegungsfesten Dachschichten, daß der Stempel hier das Dach nicht mehr zu tragen braucht, da er sich bruchfrei vom Kohlenstoß bis zum Versatz erstrecken kann und hier eine Stütze findet. Der Ausbau hat dann nur die Aufgabe, etwaige lose Einlagerungen („Sargdeckel") abzufangen.

Mit einer Auflockerung der absinkenden Schichten kann man auch hier rechnen.

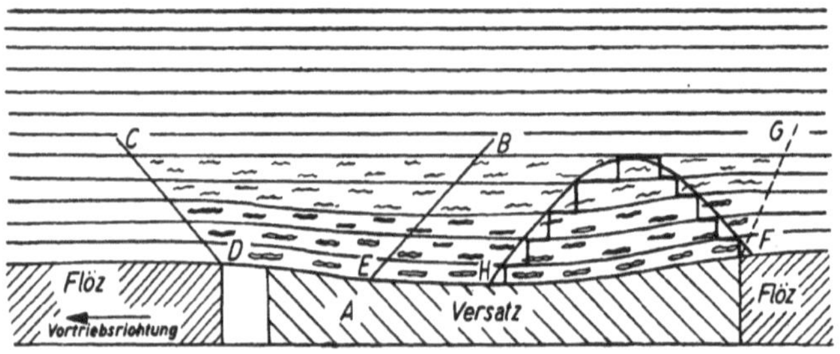

Abb. 20. Hangendsenkung bei bankigem Deckgebirge

Rechnet man bei bankigen Dachschichten mit einer Auflockerung von etwa 5 %, *so bedeutet es, daß eine Absenkung* von 1 m bei 20 m Gesamtmächtigkeit der untersten Dachschichten bereits wieder so weit ausgeglichen ist, daß die darüber folgende Dachschicht sich vom anstehenden Kohlenstoß auf diese Dachschichtenfolge nicht mehr abzusenken braucht, sondern sofort mit der vollen Last aufliegt (im Punkt *B* Abb. 20). Unterstellt man eine tatsächliche Absenkung am Versatzstoß von ca 0,40 m, so tritt dieser Fall schon bei einer Mächtigkeit der absinkenden Berge von ca 8,0 m ein. Diese Feststellung stimmt überein mit der Ansicht von WINSTANLEY u. a., nach welcher vor allem dafür zu sorgen ist, daß die Festigkeit der unteren 6—8 m Dachschichten erhalten bleibt. Man kann also diese abgesenkten und wieder aufeinander aufliegenden Dachschichten gewissermaßen als eine Brücke oberhalb des Flözes ansehen, auf welcher sich die darüber liegenden höheren Dachschichten auflegen, ehe sie absinken. Sie können nur absinken, indem sie den Versatz und die aufgelegten Dachschichten wieder zusammenpressen. Es handelt sich hierbei im Versatz noch um eine Grobverdichtung, die bald erhebliche Drücke verlangt. Deutlich geht dieser Vorgang aus der Abbildung 21 hervor, die dem Aufsatz von MIDDENDORF und JACOBI, Glückauf 1952, S. 641 Abb. 16, entnommen ist. Der Druckanstieg erfolgt zunächst stürmisch, sehr steil und erreicht etwa 20 m hinter dem Versatzstoß mit dauernd zunehmender Steilheit des Druckanstieges einen Druck von 250 t/m²

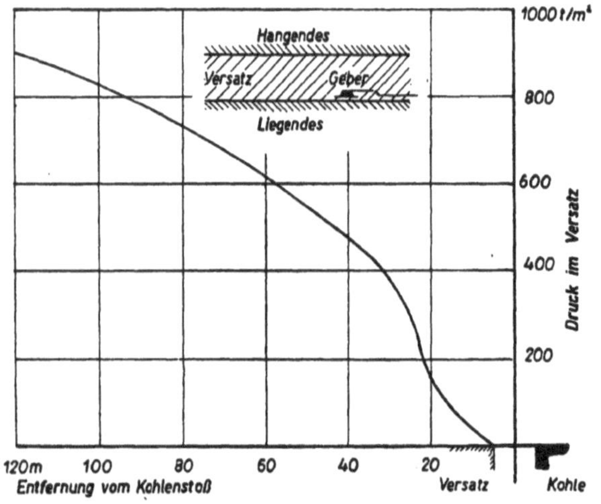

Abb. 21. Druckmessung nach MIDDENDORT und JACOBI

(25 kg/cm²). Hier liegt der Wendepunkt der Druckkurve. Der weitere Druckanstieg verflacht sich allmählich und erreicht erst bei 100 m Abstand vom Kohlenstoß eine Höhe von ca 800 t/m². Das sind rund 40% der Auflast, die sich aus der Mächtigkeit des Deckgebirges ergibt. Diese Feststellung beweist, daß hier die Verdichtung des Versatzes und des nachfolgenden Hangenden noch nicht wieder vollständig geworden ist, offenbar ist die Feinstverdichtung noch nicht erreicht. Es ist noch sehr viel Formänderungsarbeit notwendig, für welche ein entsprechender Teil des statischen Druckes verbraucht wird, so daß der Druck tiefer liegt, als es der Auflast entspricht. Selbstverständlich kann der Schichtenaufbau des Hangenden wesentliche Variationen im Verlauf der Drucksteigerung mit sich bringen. Im vorliegenden Falle handelt es sich um ein Deckgebirge, das ausdrücklich als ein bankiges gekennzeichnet wurde. Ab 1,45 m über dem Flöz besteht das Hangende aus Bänken von 0,30—0,60 m Stärke, in welchen wechselnd Sandstein und Sandschiefer auftreten (s. Glückauf 1952, S. 636).

Aus dieser Betrachtung geht hervor, daß sich die Hangendschichten nur herabbiegen und sich einerseits auf das anstehende Gebirge des festen Kohlenstoßes und andererseits wie eine Brückendecke auf die abgesenkten wieder aufeinander liegenden Dachberge auflegen. Es ist klar, daß der zulässige Abstand der beiden Auflagemöglichkeiten, die man als Brückenstützen betrachten kann, umso geringer sein wird, je gebrächer die Hangendschichten sind, weil dann die Absenkung auch entsprechend schneller erfolgt. Besteht das Dach des Flözes aus einem zähen, massigen Sandstein, so kann man die Deckenbiegung im Abbau unmittelbar verfolgen. Aber auch in Flözen, in welchen mächtige Sandsteinbänke von genügender Zähigkeit über dünnbankigeren Dachschichten liegen, haben wir die gleiche Brückenbildung, wie bei dem zähen Sandsteindach. Jedenfalls sind die Beobachtungen nicht geeignet, die Theorie einer Gewölbebildung zu unterstützen. Es handelt sich einfach nur um biegungsähnliche Senkungsvorgänge der Hangendschichten.

Natürlich ist die eben erwähnte Auflockerung der absinkenden Schichten mit einer gewissen Minderung ihrer Kohäsion verbunden. Die Kunst des Bergmanns besteht darin, die Kohäsion dieser Schichten soweit zu erhalten, daß ein Verbruch vermieden wird. Auch WINSTANLEY führte in seinem Bericht „Die Beherrschung des Hangenden im mechanischen Abbau" Lüttich S. 203 flgd. auf S. 206 aus: „Mag die Dachschicht auch schon von unvermeidbarer und unregelmäßiger feiner Vorzerklüftung betroffen sein, so besitzt sie gleichwohl noch erhebliche Eigentragfähigkeit und auch Tragfähigkeit gegenüber den oberen Schichten. Bei grob sichtbarer Zerklüftung ist es dafür allerdings oft zu spät. Die Aufgabe des Ausbaus ist dann unnötig erschwert, da die Eigentragfähigkeit der Dachschicht ihn nicht mehr unterstützt. „*Ich halte die Schonung der Gesteinskohäsion der Dachschicht geradezu für den Ausgangspunkt aller Druck- und Bewegungskontrolle des Hangenden im modernen Strebbau vom Abbauraum bis zur Tagesoberfläche.*"

Daraus folgt, daß die wichtigste Aufgabe des Bergmanns darin besteht, die Dachschichten am Abbaustoß durch geeignete Maßnahmen vor dem Verbruch zu bewahren. Gelingt ihm dies, so ist ein Verbruch der darüber folgenden Schicht bei bankigem Hangenden nicht mehr zu befürchten, da der Widerstand der noch tragenden Dachschichten insgesamt nach oben zunimmt, wobei die Biegebeanspruchung der oberen Schichten infolge der Auflockerung der unteren Dachschichten stetig abnimmt.

[1]) Lüttich, S. 37, Abb. 1.

Es ist interessant, daß auch HAACK, einer der Begründer der Gewölbetheorie nach der Angabe von SPRUTH[1]) grundsätzlich das gleiche Absenkungsprofil (Abb. 22) seinen Betrachtungen zugrunde legt, wie es in Abb. 20 links dargestellt ist. HAACK begeht aber den Fehler, daß er die „Stützlinie am Kohlenstoß" nach dem alten Mann vorbiegt, offenbar um die Gewölbetheorie zu stützen. Erfahrungsgemäß greifen aber alle Absenkungsbewegungen über den Baurand hinaus, sobald der abgebaute Flözteil eine gewisse Fläche überschritten hat (siehe Abb. 20 Linien *DC* und *FG*). Die Darstellung von HAACK ist in dieser Hinsicht falsch. Die Spannweite des Gewölbes müßte nach oben dauernd zunehmen, also dessen Festigkeit nach oben abnehmen.

Herr Dr. H. HOFFMANN führte zur Gebirgsdrucktagung 1950 in Leoben aus: „Ich bin *nicht* der Ansicht, daß sich Gewölbetheorie und Plattentheorie miteinander vereinigen lassen. Die in dem vorerwähnten Bilde — gemeint ist hier Bild 8 in dem Bericht über die Internationale Gebirgsdrucktagung Leoben 1950 S. 13 —. (Auch hier sind fälschlich die „Stützlinien" zum alten Mann vorgezogen) dargestellten Senkungsvorgänge verlaufen im Prinzip anders, und wenn man die schematische Darstellung berichtigen würde, wäre es nicht möglich, die Gewölbedrucklinie (Stützlinie) zwanglos einzusetzen."

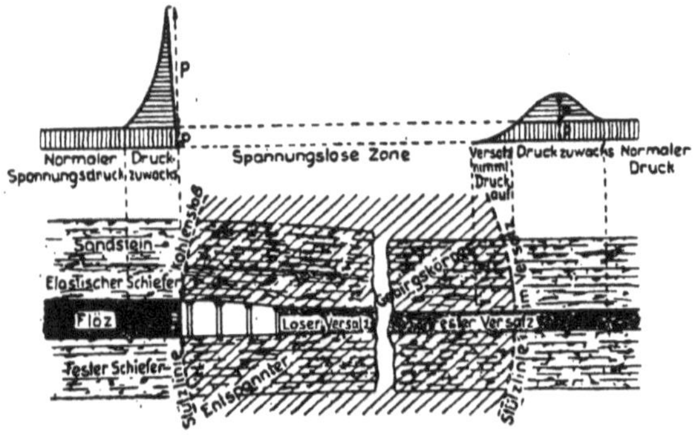

Abb. 22. Druckgewölbe nach HAACK

Bei der im Anfang des Verhiebes eines Baufeldes denkbaren Bildung eines Scheingewölbes ist ein vielfach von Vertretern der Gewölbetheorie begangener Irrtum zu beseitigen:

Zunächst kann ein Druckgewölbe nur solange bestehen, als der abgebaute Streifen so schmal ist, daß das Deckgebirge zu beiden Seiten sich auf den festen Flözstoß aufstützen kann, ohne den Biegungswiderstand der Dachschichten wesentlich zu übersteigen. Wird der Abstand zwischen *F* und *D* (Abb. 20) zu groß, so brechen die überkragenden Schichten ab und das Deckgebirge senkt sich im Ganzen, wobei infolge der Schubwirkungen die Senkungen auch von *F* nach *G* übergreifen. Ebenso greifen die Senkungen an dem Stoß, an welchem der Abbau vorschreitet, also bei *D* nach *C* über.

Im Gewölberaum entsteht bei Versatzbau wenig mächtiger Flöze infolge der Auflockerung der Dachschichten kein Hohlraum, wohl eine völlige Trennung der Schichten an der Gewölbefläche. Auch GILLITZER[1]) hat hier nie einen Hohlraum dargestellt. In dem Abbau, in welchem GILLITZER seine Beobachtungen anstellte, ist auch im „Gewölbebezirk", wie ich mich s. Zt. selbst überzeugen konnte, kein Hohlraum entstanden. Die Mächtigkeit und die Auflockerung des über dem Kupferschiefer anstehenden Zechsteins genügt völlig, um den Hohlraum des „Gewölbes" trotz der Senkung des Daches restlos auszufüllen. Daher ist auch die vielfach in Mansfeld ausgesprochene Ansicht sinnlos, daß die „Periodenbrüche" im Anhydrit darauf zurückzuführen seien, daß Schalen aus dem Anhydrit im Gewölbe niederfallen. Ein offen stehendes „Gewölbe" gibt es im Anhy-

[1]) Leoben, S. 101, Abb. 3.

drit nicht — wenn keine „Schlotten“ vorhanden sind, die aber andere Ursachen haben. Im gesunden Anhydrit können Periodenbrüche nur als Biegungsbrüche auftreten. Mit diesen Überlegungen ist der Gewölbetheorie eine wichtige Stütze entzogen.

Geht man von den Ursachen aus, welche im Doggererzbergbau zur Aufgabe des Strebbruchbaues zwangen, so ergibt sich, daß das „Anfangsgewölbe“, wie es von Gillitzer im Mansfelder Bergbau bei einem frisch in Angriff genommenen Baufelde festgestellt wurde, ein vergleichsweise sprödes, dem hangenden Zechsteinkalk entsprechendes Dachgebirge, und ein hartes, festes, dem Kupferschiefer entsprechendes Flöz zur unbedingten Voraussetzung hat. Nur bei Erfüllung dieser Bedingung treten am Baurande und an dem eben ins Baufeld vorrückenden Strebstoß so wirksame Scher- und Knickbeanspruchungen auf, daß sie schon bei minimalen Absenkungsbewegungen zur Abscherung der Dachschichten und damit zur „Druckgewölbebildung“ führen.

Druckgewölbe setzen also Bedingungen voraus, die im Abbau nur ausnahmsweise vorliegen. Das in der Regel sehr viel biegungsfähigere und plastischere Steinkohlengebirge wird bei einem gleichartigen Abbauzustand nur Schichtensenkungen durch Biegungen erleiden, wobei die abgesunkenen Schichten im Schichtenverbande bleiben.

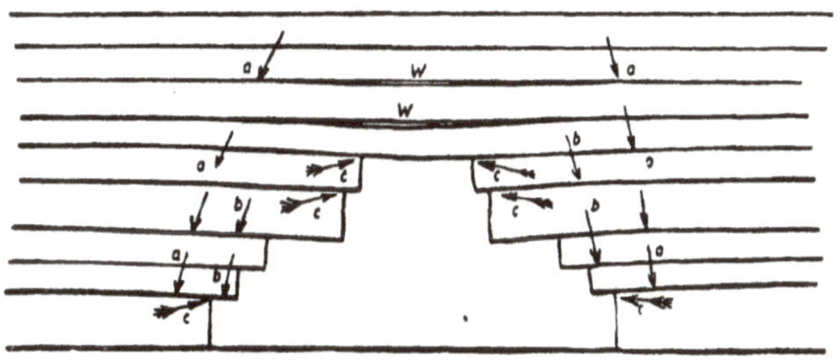

Abb. 23. Bildung eines Bruchgewölbes

Überhaupt muß man streng zwischen *Druck*gewölben, die nur Ausnahmeerscheinungen sind, und *Bruch*gewölben unterscheiden, die im normalen Braunkohlentiefbau die Regel sind und gelegentlich auch im Kammerbau des Salzbergbaus auftreten.

Auch das von mir in der bergmännischen Gebirgsmechanik II. Aufl. S. 53 Abb. 37 dargestellte „Scheingewölbe“ (hier Abb. 23) ist ein solches Bruchgewölbe. Ich hatte es nach einem Verbruch gezeichnet, der in einem Tagebau freigelegt war. Dort hatte man unter dem im Tagebau zu gewinnenden Flöz ein tiefer gelegenes Flöz in normalem Bruchbau abgebaut, wobei sich das obere Flöz in der Regel ohne Bruch nachsenkte. Der damalige Bergwerksdirektor Ing. Gold machte mich aber auf den Verbruch aufmerksam, den ich mit möglichster Genauigkeit skizzierte, um die Skizze als Lichtbild für meine Vorlesungen verwenden zu können.

Ein Bruchgewölbe setzt stets einen genügend hohen, nicht zu weiten Hohlraum voraus, in welchen der vom Gewölbebogen sich lösende Kern herabstürzen kann, der natürlich durch den Gewölbebogen vom Druck der höheren Deckgebirgsmassen „entlastet“ ist.

Das Wesen des „Bruchgewölbes“ zeigt am klarsten der Braunkohlenbruchbau.

Steht über dem Braunkohlenflöz bergfeuchter Sand an, so bricht dieser nach dem „Schlagen“ des Bruches schlotartig nach oben auf. Der entstehende Hohlraum ist offenbar spitzbogenförmig. Wer über Tage solche Brüche aufgehen sah, wird wissen, daß sich stets in der Mitte der entstehenden Pinge zunächst nur ein kleines rundes Loch bildet — besonders bei dünner lehmiger Mutterbodenschicht, das sich dann bald durch Nachbruch zur normalen Pinge erweitert. Darin liegt der Beweis der gewölbeartigen Form des Hochbruches. Ein besonderes Kennzeichen des ungehinderten Aufbruches des Sandes ist der Wegfall jedes zusätzlichen Abbaudruckes. Auch in einer Tondecke bildet sich nach dem Schlagen des Bruches *zunächst* ein Bruchgewölbe. Bricht aber dieses Gewölbe nicht nach oben durch, so senkt sich die nicht durchbrechende Tondecke und es entsteht, wie jeder erfahrene Braunkohlentiefbaubergmann weiß, ein erheblicher zusätzlicher Abbaudruck — lediglich als Folge der Deckensenkung.

Daher wendet der erfahrene Braunkohlentiefbaufachmann alle Mittel an, um den Bruch zu einem einwandfreien „Gehen" zu bringen, d. h. das Durchbrechen des Bruchgewölbes zu beschleunigen und zu sichern. Hierzu gehört z. B. das möglichst schnelle Ausfördern von Brüchen mit möglichst großen Abmessungen.

Solange der Bruch nicht vollständig gegangen ist, hält der zusätzliche Abbaudruck an. Er beruhigt sich erst, wenn der Bruch soweit nachgebrochen ist, daß der Nachbruch den Gewölberaum vollständig ausfüllt. Auch dann bleibt gegenüber dem Sandhangenden noch ein erheblicher Überschuß an Abbaudruck.

An diesen Feststellungen der Praxis können auch Laboratoriumsversuche nichts ändern, da diese den Gebirgsdruck nicht in der richtigen Weise wiederzugeben vermögen.

C. H. FRITZSCHE weist in der achten Auflage seiner bekannten Bergbaukunde[1]) auf S. 356 darauf hin, daß „vielfach von Druckgewölben gesprochen wird, ein Ausdruck, der mehr bildhafte Bedeutung hat und nicht sagen will, daß sich stets ein Gewölbe im Sinne des Statikers um den Hohlraum herum bildet. Zur *tatsächlichen Bildung eines Gewölbes* bedarf es nämlich bestimmter Voraussetzungen, die nicht immer erfüllt sein dürften. Einmal muß standfestes glockenweise nachbrechendes Gebirge vorhanden sein, also mehr oder weniger geschlossener Sandstein, und dann müssen auch die seitlichen Auflagerungsflächen über große Festigkeit verfügen und sich nicht infolge der Spannungsanhäufungen in ihrer Lage und Ausbildung verändern."

Man kann eine Glockenbildung bei den unterstellten Lagerungsverhältnissen erklären, wenn man eine durch größere Auflagerungsdrücke gegebene Vorspannung im Gebirge voraussetzt und ein Gebirge mit hohem Elastizitätsmodul und sehr geringer Plastizitätsziffer, also Bedingungen, welche die eigenartigen Druckvorgänge beim Neubau des Simplontunnels herbeiführten. Ebenso darf der Hohlraum, der einen etwa quadratischen oder annähernd runden Querschnitt hat, keine zu große Flächenausdehnung haben.

Zunächst sei darauf hingewiesen, daß erfahrungsgemäß aus den Wandungen der in der Auffahrung befindlichen Stollen des Simplontunnels bei druckhaftem Gebirge oft muschelförmige Gesteinsbrocken durch die Wirkung der elastischen, tangential gerichteten Expansion abgesprengt wurden, die durch die bei der Absprengung erfolgte Expansion nicht mehr in den entstandenen Hohlraum hineinpassen. Hier handelt es sich bestimmt nicht um „Gewölbebildungen", obwohl die Hohlräume mehr oder weniger kugelartig gekrümmte Grenzflächen aufweisen.

Ist das massige Deckgebirge so mächtig, daß Biegungsbeanspruchungen *noch nicht* in Frage kommen, so können bei hohem Überlagerungsdruck doch gewölbeähnliche Ausbrüche eintreten. Es handelt sich dann um dieselben Ursachen, die auch beim Simplontunnel zu dem Bestreben des Gebirges führten, dem Tunnelhohlraum einen *kreisrunden* Querschnitt zu geben. In dem hier vorliegenden Falle liegen die Festig-

[1]) Bergbaukunde HEISE-HERBST-FRITZSCHE II. Band, 8. Auflage, Nachdruck 1948 Verlag I. Springer.

keitsverhältnisse so, daß die tangentialen elastischen Expansionskräfte, die an der First des Hohlraumes wirken — homogenes Gebirge vorausgesetzt — sich nur bei *kugelförmiger* Hohlraumfläche gegenseitig aufheben, während an Stellen, an denen die Fläche von der Kugelform abweicht, die tangentialen, elastischen Expansionsdrücke abscherend wirken. Auch hier kann, sobald das Kräftegleichgewicht nach Abscherung der aus der Kugelfläche in den Hohlraum heraustretenden Gebirgsmassen hergestellt ist, ein statischer Zustand eintreten, wenn nach den Beobachtungen von ANDREAE „der Vertikaldruck kleiner ist, als die neue Druckfestigkeit".

Werden Länge und Breite der Abbaufelder so groß, daß Biegungsbeanspruchungen eintreten, so können keine glockenförmigen Ausbrüche mehr erfolgen, da das Deckgebirge nur am Abbaurande aufliegt und die wirksame gegenüberliegende Randauflage zu weit entfernt ist. Es erfolgen dann in gewissen, mehr oder weniger gleichmäßigen Abständen („Perioden") Biegungsbrüche.

Für die entsprechenden Vorgänge im Salzgebirge gab mir freundlicherweise Herr Prof. Dr. LIEBOLD-Freiberg, folgende Erklärung:

„Über einer aufgefahrenen Strecke biegt zunächst das Hangende infolge der durch die Auflast hervorgerufenen Spannungen konvex nach unten durch. Der über der neutralen Faser liegende Teil wird auf Druck, der unter ihr liegende auf Zug beansprucht (Abb. 24).

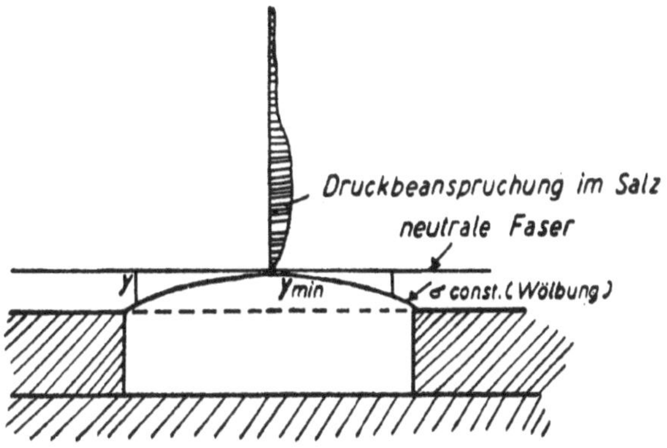

Abb. 24. Entstehung eines Scheingewölbes nach LIEBOLD

Die Beanspruchung auf Zug ist bei Salz minimal, und deshalb wird bei der Durchbiegung der unterhalb der neutralen Faser befindliche Teil solange ausbröckeln (TROMPETERsche Zone), bis praktisch fast keine Zugspannung mehr vorhanden ist. Dadurch bildet sich eine nach oben konkave (hohle) Wölbung. Im Gleichgewichtszustand ist dann an deren Oberfläche σ überall konstant.

Bezeichnet man mit M das Moment, mit y den jeweiligen Abstand der Kurve gleicher Spannung von der neutralen Faser, so ist σ eine Funktion von M und y:

$$\sigma \sim My = \text{const.}$$

In der Mitte der Wölbung hat das Moment ein Maximum. Daher muß dort y ein Minimum sein, da ja das Produkt aus M und y konstant ist. Nach den Rändern zu nimmt das Biegemoment ab, und y wird damit größer. Auf diese Weise erklärt sich das Entstehen der Wölbung. Infolge des geringen σ-Wertes für Salz ist in der Mitte der Wölbung der Abstand der Kurve $\sigma = \text{const}$ von der neutralen Faser auch nur minimal, praktisch gleich 0, d. h. die neutrale Faser tangentiert die Wölbung in ihrem höchsten Punkte.

Das gesamte durch die Auflast hervorgerufene Biegemoment wird damit lediglich durch die Druckbeanspruchung der oberhalb der neutralen Faser liegenden Schichten im Gleichgewicht gehalten. Der Verlauf der Druckspannung oberhalb der neutralen Faser wird sehr schnell ein Maximum erreichen, um sich dann asymptotisch der Nulllinie zu nähern.“

Aus den Ausführungen ergibt sich für das normale Steinkohlengebirge, daß die Sicherungen der Dachschichten zwischen D und E (Abb. 20) zur Sicherung des Abbaubetriebes von ausschlaggebender Bedeutung sind. Ich verweise auf die Ausführungen von WINSTANLEY, wonach er „die Schonung der Gesteinskohäsion und der Dachschichten geradezu für den Ausgangspunkt aller Druck- und Bewegungskontrollen des Hangenden im modernen Strebbau vom Abbauraum bis zur Tagesoberfläche“ hält (Lüttich, S. 206/207).

Es muß also dafür Sorge getragen werden, daß die Beanspruchung der Dachschichten diejenige der „Feinlockerung“ nicht überschreitet.

Bei der Absenkung lockern sich die unteren Dachschichten mehr oder weniger stark auf, sobald die unteren Dachschichten schneller als die oberen sinken. Eine solche Aufblätterung erfolgt oft auch zugleich durch die Seitenverdrängung der Dachschichten vom Kohlenstoß zum alten Mann.

Die Belastung der Stempel erfolgt in diesen Fällen schnell. Jedoch ist die Belastungshöhe im Vergleich zur Auflast in der Regel zunächst gering und steigt allmählich in dem Maße, in welchem sich die oberen Schichten auflegen. Die Belastungszunahme ist also im einzelnen Falle wesentlich von der Sinkgeschwindigkeit der Dachschichten, vom Abbaufortschritt und von der Abbaugeschwindigkeit bzw. von der Zeit abhängig. Der Stempel muß den Druck schon bei geringstem Einsinkweg voll aufnehmen, um übermäßigen Biegungsbeanspruchungen der Dachschichten vorzubeugen.

Augenscheinlich kennzeichnet der „Wendepunkt“ des Druckanstieges (Abb. 21) [1]) die Lage der versatzseitigen Abstützung der Hangendbrücke, da hier die weitere Druckzunahme stark abnimmt. Die Stütze liegt nach der Abb. 21 schon in gefährlicher Nähe des Versatzstoßes, so daß der Versatz nach Abb. 27 in den offenen Abbauraum vorgedrängt werden kann. Die Druckhöhe deutet an, daß bereits etwa 10 m Schichten des abgesunkenen Hangenden sich wieder fest aufgelegt haben und Last aufnehmen können

Die versatzseitige „Brückenabstützung“ erfolgt also etwa in der Höhe über dem Flöz, in welcher die aufgelockerten Dachschichten wieder den Anschluß an die oberen noch nicht aufgelockerten Dachschichten erreichen nach der bekannten Gleichung

$$h = \frac{m}{s - 1}$$ (KEGEL bergm. Gebirgsmechanik II. Aufl. S. 67)

wobei h = Senkungsbetrag im Flözraum
m = Mächtigkeit des nachsinkenden Hangenden
s = Auflockerungsbetrag der unteren Dachschichten sind.

Es ist nun der Druck der auflastenden Dachschichten in $\text{kg/cm}^2 = p = \frac{m\,sp}{10}$.

Da $m = h \cdot (s - 1)$ ist, ergibt sich

$$p = \frac{h\,(s - 1) \cdot sp}{10} \qquad \text{also } h = \frac{10\,p}{(s - 1) \cdot sp}$$

$$s = \frac{10\,p}{h \cdot sp} + 1.$$

[1]) Glückauf 1952, Heft 25/26. MIDDENDORF und JACOBI: Ankerausbau in Abbaustrecken.

Sofern man das Auflockerungsverhältnis *s* kennt, läßt sich aus dem Druck und dem Absenkungsbetrage des Hangenden am Wendepunkt die Auflockerung der absinkenden Dachschichten annähernd berechnen.

In allen Fällen kommt es darauf an, die an sich schon durch ihre Nachgiebigkeit unsichere Brückenabstützung auf der Seite des alten Mannes nicht zu nahe an den Kohlenstoß zu halten. Das gilt nicht nur für die Abstützung des Haupthangenden, sondern beim Fremdversatzbau auch für die Abstützung der Dachschichten, deren Zusammenhang zur Erhöhung der Betriebssicherheit der für den Betrieb erforderlichen Abbauhohlräume möglichst erhalten werden muß.

Die „Brückenbildung" erfolgt etwa in der Höhe über dem Flöz, in welcher die aufgelockerten unteren Deckschichten wieder infolge der Auflockerung den Anschluß an die oberen, noch nicht aufgelockerten Deckgebirgsschichten erreichen. Hier beginnt also ohne klare Trennschicht das „Haupthangende". Im Allgemeinen wird der versatzseitige Stützpunkt umso weiter im alten Mann liegen, je biegungsfester die Bänke des Hangenden sind.

Die versatzseitigen Brückenstützpunkte sind, wie bereits erwähnt, nachgiebig, da sie auf noch nicht völlig wieder verdichtetem Versatz bzw. Dachbergen ruhen. Die Absenkung des Deckgebirges greift also weit über diese Stützpunkte hinweg. Man muß sich daher vor allem vor der Annahme hüten, daß diese Stützpunkte das gesamte Deckgebirge tragen. Ihre Aufgabe besteht nur darin, den deckenförmigen Zusammenhang der Brückenschicht über dem Abbauhohlraum und gegebenenfalls über den gelockerten Dachschichten in diesem Bereich zu erhalten.

Die Absenkung des Deckgebirges hinter diesen Stützpunkten erfolgt so lange, bis sowohl der Versatz als auch das gelockerte Deckgebirge wieder völlig zusammengepreßt sind. Die Verdichtung schreitet von der Grobverdichtung über die Feinverdichtung bis zur molekularen Wiederverdichtung vor und findet erst mit dieser ihren Abschluß.

Die Grobverdichtung ist ohne weiteres verständlich. Sie besteht in der Annäherung der Versatzkörner bzw. der gelockerten Gesteinsschalen der hereingebrochenen Deckgebirgsschichten, die dabei mehr oder weniger zerdrückt werden. Der Widerstand gegen die weitere Verdichtung wächst mit der Zunahme der Kornflächen, die sich beim Zerdrücken der Gesteinsmassen neu bilden und sich berühren.

Der Widerstand der Feinverdichtung läßt sich am besten durch ein Beispiel erklären (Abb. 25).

Wird die wellenförmige Platte I, die an der unteren Platte in den Punkten *a* und *c* (Bild links) anliegt, durch den Druck zur Anlage auch an Punkt *b* gezwungen (Bild rechts), so wird der Widerstand gegen die weitere Zusammenpressung sprungartig erhöht. Die weitere Verdichtung erfordert einen entsprechend gesteigerten Zeitaufwand, da die Plastizitätsziffer bekanntlich mit der Zeit langsam zunimmt.

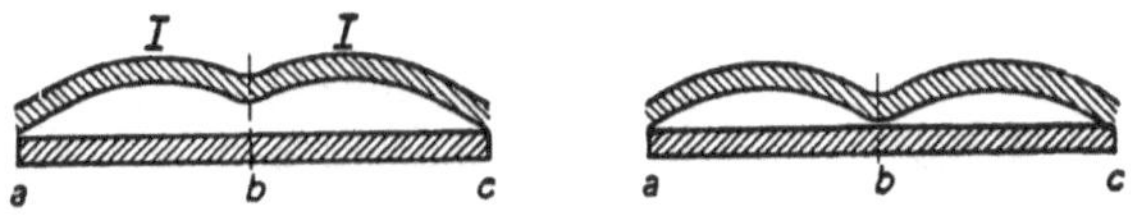

Abb. 25. Beispiel einer Feinverdichtung

Die Molekularverdichtung entspricht einer Rückgängigmachung der elastischen Volumenentspannung, die bei der Auflockerung des absinkenden Deckgebirges eintrat. Der Widerstand gegen diese Verdichtung ist außerordentlich groß. Die Fein- und Molekularverdichtungen erfordern daher einen erheblichen Zeit- und Kraftaufwand. Während dieser Zeit ist die Druckwirkung des Deckgebirges stark gemindert. So änderten sich z. B. beim Abbau des Marieflözes auf Gräfin-Johanna-Schachtanlage bei Bobrek[1]), unter welchem etwa 10 Jahre zuvor das 80 m tiefer liegende Einsiedelflöz abgebaut war, die Druckverhältnisse sofort, als der Abbau in den Bereich des Eisenbahnsicherheitspfeilers vorschritt, innerhalb dessen das Einsiedelflöz nicht abgebaut war. Im Sicherheitspfeiler machte sich beim Abbau des Marie-Flözes ein sehr starker Abbaudruck bemerkbar.

Daß sich auch unter verhältnismäßig schwachbankigem Deckgebirge der volle Gebirgsdruck im alten Mann erst sehr langsam wieder einstellt, beweisen die von MIDDENDORF und JACOBI[2]) veröffentlichten Ergebnisse der Druckmessungen im Versatz eines Abbaues im Flöz Albert I der Zeche Neumühl. In einer Entfernung von 100 m hinter dem Abbaustoß wurde eine Belastung von 800 t/m² festgestellt. Das sind rd. 40% der aus Teufe mal spezifischem Gewicht sich ergebenden Auflast des Deckgebirges (Abb. 24).

Sinngemäß ergibt sich für das absinkende Deckgebirge eine Auflockerung, die sowohl eine Groblockerung als auch eine Feinlockerung und eine volumen-elastische Lockerung sein kann. Die Groblockerung entspricht bereits einer starken Zerklüftung und kann bis zum völligen Zerfall des Gebirges führen. Unter Feinlockerung ist hier eine Auflockerung unter Beibehaltung der Kohäsion, wenn auch mit einer gewissen Minderung derselben zu verstehen. Die volumen-elastische Lockerung entspricht einfach der volumen-elastischen Dehnung. Mit dieser ist eine merkliche Verminderung der Festigkeit nicht verbunden.

Jedenfalls muß man sich die Hangendsenkung so denken, daß sich bei schwachbankigem Deckgebirge zunächst die untersten Bänke ablösen und sich auf den Versatz auflegen. Dann folgen die nächsthöheren Bänke usw. Unten tritt also die Wiederverdichtung des absinkenden Deckgebirges schon ein, während darüber noch die höheren Schichten sich auflockern und nachsinken.

Aus diesen Beobachtungen ergibt sich die Tatsache, daß die endgültige Verdichtung des absinkenden Deckgebirges und des von ihm belasteten Versatzes großer Zeiträume bedarf, so daß zuletzt die über Tage noch eintretenden Senkungen außerordentlich *langsam erfolgen und sehr geringfügig sind.*

Diese Feststellungen dürften auch für die Beurteilung der Endteufe von wesentlicher Bedeutung sein, bis zu welcher der Steinkohlenbergbau voraussichtlich vordringen kann. Bekanntlich nimmt man z. Zt. vielfach diese Grenze bei rd. 1200 m Deckgebirgsmächtigkeit an. Aus den vorstehenden Betrachtungen ergibt sich aber, daß der statische Druck des Deckgebirges durch die mit dem Abbau in geringeren Teufen verbundenen Senkungen und den daraus sich ergebenden Verdichtungswiderständen zum mehr oder weniger großen Anteil während des Verdichtungsvorganges verbraucht wird. Daraus folgt, daß beim *allmählichen* Vorgehen des Abbaus in die Tiefe der Gebirgsdruck je nach Lage und Umfang der höher gelegenen Abbaue vermindert wird. Man wird also zweifellos in erheblich größere Teufen vordringen können als man bisher annimmt. Daraus würde aber für Deutschland eine wesentliche Vergrößerung des greifbaren Kohlenvorrates folgen.

---

[1]) Glückauf 1935, S. 365—374 und 396—399. ESSER: Die gegenseitige Beeinflussung der oberschlesischen Sattelflöze bei ihrem Abbau.

[2]) Glückauf 1952, S. 636—645. MIDDENDORF und JACOBI: Ankerausbau in Abbaustrecken.

Die ***Ausdehnungsfähigkeit der kapillaren Hohlräume*** quellfähiger Gebirgsmassen wird außer von ihren Eigenschaften noch durch den Auflagedruck bestimmt, dem sie ausgesetzt sind. Es besteht also zwischen den Kapillarkräften und dem Auflagedruck eines anstehenden Tones ein Gleichgewichtsverhältnis.

Wird der Ton durch Freilegung an Grubenbauen entlastet, so erfolgt bei Gegenwart von Feuchtigkeit eine entsprechende Volumenvergrößerung durch Quellung. Eine solche Quellung kann auch in den absinkenden und daher aufgelockerten Deckgebirgsschichten eines Abbaus eintreten.

Die Quellung erfolgt im Sinne der wirksamen molekularen Kapillarkräfte, während die Auspressung des aufgenommenen Wassers diese Kapillarkräfte überwinden muß. Die Quellung erfolgt daher schneller als die Verdichtung.

Durch den Abbau der Kohle wird dem über dem alten Mann anstehenden Hangenden die Unterstützung entzogen. Es muß absinken, wobei es sowohl den Stempelausbau im Abbauhohlraum als auch den Versatz im alten Mann entsprechend belastet. Hiernach liegt eine dynamische Druckbeanspruchung vor, durch welche der Versatz zusammengedrückt und ein nachgiebiger Stempel unter Überwindung seines Widerstandes verkürzt wird. Verwendet man Reibungsstempel mit gleichbleibendem Reibungswiderstand, so muß bei einwandfreier Arbeitsleistung des Reibungswiderstandes die auf dem Stempel lastende Druckwirkung mit der Schnelligkeit der Absenkung wachsen.

Es ist nun zu beachten, daß bei einem sehr mächtigen, massigen und biegungsfesten Dach sich das absinkende Deckgebirge nicht wesentlich lockern würde. Eine gewisse elastische Entspannung desselben in Richtung zum Senkungsgebiet des alten Mannes liegt natürlich vor, weil mit der Senkung ein Druckgefälle verbunden ist. Immerhin bleiben die Hangendmassen in der Richtung von unten nach oben geschlossen, weil das biegungsfeste Dach eine geringere Biegungsschnelligkeit hat, als die darüber liegenden dünnbankigen Schichten. Man kann also unterstellen, daß sich das Deckgebirge in diesem Falle fast mit seinem vollen Gewicht auf die Unterlage auflegt, vermindert um den Betrag, der zur Überwindung der inneren Senkungs- bzw. Biegungswiderstände benötigt wird. Der Betrag dieser Widerstände ist im offenen Abbauraum eines Langstoßbaues sehr groß, so daß hier nur der Restdruck auf dem Ausbau lastet.

Zur Beurteilung des Restdruckes kann die folgende Überlegung dienen: Bei einer Deckgebirgsmächtigkeit von 600 m und einem spezifischen Gewicht desselben von 2,5 lasten bei 1 m Stempelabstand rechnerisch 1500 t auf jedem Stempel. Er trägt bei einer statischen Tragfähigkeit eines Reibungsstempels, d. h. bei einer Belastung, die er ohne Verkürzung tragen kann, von angenommen 15 t nur rd. 1% der aufliegenden Last. Unterstellt man, daß die mehr oder weniger frei schwebende oder schlecht unterstützte Breite des Hangenden im Abbau wesentlich größer als die Breite des ausgebauten Arbeitsraumes ist, so sinkt die Tragfähigkeit des Stempels weit unter 1% der Auflast. Der Ausbau hat daher keine deutlich erkennbare Einwirkung auf die Schnelligkeit der Hangendsenkung.

Eine rechnerische Feststellung der Hangenddruckwirkung im Abbauraum ist unmöglich, da es kein Mittel gibt, die Widerstandsverhältnisse des Hangenden genau zu ermitteln. Jedoch sind grundsätzliche arithmetische Betrachtungen der Druckverhältnisse zur Klärung der Frage sehr aufschlußreich.

Sind:

F = Reibungswiderstand des Stempels in t (Reibung der Bewegung),

$F \cdot v$ = Leistung des sich verkürzenden Stempels in t/m/s,

A_g = Auflast des gesamten zugehörigen Deckgebirges (in voller Mächtigkeit), also bei sehr biegungssteifem Dach,

W_{g1} = Σ der Widerstandskräfte des Deckgebirges bei der Absinkgeschwindigkeit v_1, und geschlossener Absenkung der Schichten,

v_1 = Absinkgeschwindigkeit des Deckgebirges A_g bei W_{g1},

W_{g2} = Σ der Widerstandskräfte des Deckgebirges bei der Absinkgeschwindigkeit v_2, und geschlossener Absenkung der Schichten.

v_2 = Absinkgeschwindigkeit des Deckgebirges A_g bei W_{g2},

sind ferner:

$v_2 > v_1$ also $W_{g2} < W_{g1}$,

so sind in den Fällen, in welchen das Gesamtgewicht des Deckgebirges in Frage kommt,
bei v_1 die Arbeitsleistung des Deckgebirges $A_g \cdot v_1$,
bei v_2 die Arbeitsleistung des Deckgebirges $A_g \cdot v_2$,
wobei $A_g \cdot v_2 > A_g \cdot v_1$ ist.

Die Leistungsdifferenz muß vom Stempel übernommen werden, wenn er die Absinkgeschwindigkeit von v_2 auf v_1 verringert.

Es ergibt sich also:

$$F \cdot v_1 = A_g \cdot v_2 - A_g \cdot v_1 = A_g \cdot (v_2 - v_1)$$
$$P = F \cdot v_1^x.$$

P ist konstant, solange v konstant ist.

Es war bereits darauf verwiesen, daß der Stempelausbau bestenfalls etwa 1—2% des Deckgebirgsdruckes aufnimmt.

Um eine Vorstellung von der Senkgeschwindigkeit des Hangenden bei massigem, biegungssteifem Hangenden zu haben, soll angenommen werden, daß es sich in 60 m Entfernung vom Abbaustoß um 200 mm gesenkt hat. Nach HOFFMANN[1]) wurde in dieser Entfernung auf Flöz Girondelle nur eine Senkung von rd. 120 mm (200 mm Gesamtsenkung minus 80 mm Vorsenkung am Kohlenstoß) festgestellt. Es ist also zweifellos keine zu geringe Senkung unterstellt. Nimmt man nun eine tägliche Verhiebsgeschwindigkeit von 2 m an, so ergibt sich eine Senkungsdauer von rd. 30 Tagen = 86400 · 30 = 2592000 Sekunden. Die mittlere Senkungsgeschwindigkeit würde also 200/2592000 = 0,000077 mm/sec betragen. Es ist selbstverständlich, daß der Einfluß des Stempelausbaues auf die Senkgeschwindigkeit des Hangenden nicht gemessen werden kann. Die Meßfehler sind wesentlich größer.

Anders kann der Fall liegen hinsichtlich des Einflusses des Stempelausbaues auf schnell sinkende, vom Haupthangenden sich zunächst ablösende Dachschichten. Hier wurde bei 10 m Abstand vom Abbaustoß im Flöz Karoline von Hoffmann eine Absen-

[1]) Internationale Gebirgsdrucktagung Leoben 1950, S. 79. HOFFMANN: Neue Erkenntnisse des Gebirgsverhaltens beim Strebbau auf Grund markscheiderischer Messungen.

kung von rd. 145 — 15 = 130 mm festgestellt. Nimmt man auch hier eine Verhiebsgeschwindigkeit von 2 m/Tag an, so liegt eine Senkungsgeschwindigkeit von durchschnittlich 130/86400 = 0,0015 mm/sec vor. Bei schlechtem und nachlässigem Ausbau wird die Senkungsgeschwindigkeit erheblich steigen. Die hier festgestellte Senkgeschwindigkeit entspricht einer mittleren Senkung von $\sim$10,00 mm/Tag.

Es ist hier angenommen, daß der Stempelwiderstand mindestens während der Beobachtungs- oder Versuchsdauer gleich bleibt, bzw. der Widerstand gesetzmäßig und allein nur durch die Verkürzungsgeschwindigkeit des Stempels beeinflußt wird. Diese Bedingung wird wahrscheinlich nur durch Stempel erfüllt, deren Verkürzung durch Überwindung gleichbleibenden Reibungswiderstandes (z. B. mit Ölschmierung) erfolgt.

γ) Besondere Druckwirkungen im Langstoßbau bei biegungsfestem Hangenden (Dach)

1. In der Frontmitte

Einwandfreie Beobachtungen über die infolge der Hangendsenkung eintretenden Druckwirkungen lassen sich im Steinkohlenbergbau nur am Langstoßbau bei gleichmäßigem Gebirgsaufbau und gutem, gleichmäßigem Versatz der abgebauten Räume durchführen und werden daher als Voraussetzung unterstellt. Der beim Strebbruchbau anfallende „Selbstversatz“ kann unter der Voraussetzung eines rechtzeitigen und zur Verfüllung der Hohlräume ausreichenden Nachbruches als guter Versatz angesehen werden.

Die Druckwirkungsvorgänge sind bei biegungsfestem Hangenden und festem Liegenden wesensverschieden von den Wirkungen, die bei mehr oder weniger brüchigen bankigen Dachschichten vor sich gehen und müssen daher getrennt untersucht werden. Es sei wiederholt, daß nur die Druckwirkungen beim Abbau schwacher bis mittelstarker Flöze hier in Frage kommen.

Es ist bekannt, daß sich die Wirkung eines biegungssteifen massigen und zähen Dachgebirges bis über 90 m tief — vom Abbaustoß gemessen — in das anstehende Flöz hinein bemerklich machen kann. Sowohl KÖPLITZ[1]) als auch HOFFMANN[2]) haben durch eingehende Messungen diese Tiefenwirkungen nachgewiesen. HOFFMANN führte eine eingehende Messung der Senkungsvorgänge auf Flöz Girondelle der Zeche Concordia[3]) durch. Das 1,4 m mächtige und mit 20° einfallende Flöz hat im Hangenden und im Liegenden eine 24 m bzw. 28 m mächtige massige Sandsteinbank und ist daher flözschlaggefährdet. Die vom Abbau bewirkte Senkung beginnt nach diesen Messungen im anstehenden Flöz bereits etwa 170 m vor dem Abbaustoß (Abb. 26 unten). Am Flözstoß beträgt die Absenkung bereits 80 mm. Erst etwa 15 m hinter dem Abbaustoß wird die Absenkung schwach konvex. Etwa 150 m hinter dem Abbaustoß ist der Versatz nur etwa 50 cm zusammengedrückt und stützt das Hangende ab. Insgesamt ist das Hangende in einer rd. 300 m breiten Fläche nicht oder doch nur unvollkommen abgestützt. Diese Feststellung ist für die Beurteilung der hier auftretenden Druckwirkungen von größter Bedeutung. Im Normalfalle ist mit Brüchen dieses auf Biegung beanspruchten, biegungs-

[1]) Glückauf 1935, S. 1021 und 1054 KÖPLITZ: Beiträge zur Frage der Gebirgsschläge.

[2]) Disst. T. H. Aachen, HOFFMANN: Der Ausgleich der Gebirgsspannung in einem streichenden Strebbau, nachgewiesen durch markscheiderische und statische Messungen.

[3]) Leoben 1950: S. 79. Dr. Ing. H. HOFFMANN: Neue Erkenntnisse des Gebirgsverhaltens beim Strebbau auf Grund markscheiderischer Messungen.

festen Hangenden nicht zu rechnen. KÖPLITZ verwies darauf, wie bereits erwähnt wurde, daß auf Flöz Sonnenschein in der Zeit von 1918 bis 1932 insgesamt 116 Gebirgsschläge (Flözschläge) erfolgten, wobei das Hangende fast stets unversehrt blieb. Etwaige Beschädigungen des Hangenden beschränkten sich meist auf das Abplatzen von mehr oder weniger umfangreichen Schalen, die sich infolge der Erschütterung lösten.

Es ist auffallend, daß bei sehr biegungsfestem *Dach* die Periodenbrüche selten sind, während sie öfter auftreten, wenn zwischen dem Flöz und dem biegungsfesten Schichtenkomplex ein dünnbankiges und daher schnell absinkendes Dachgebirge von nicht zu großer Gesamtmächtigkeit liegt.

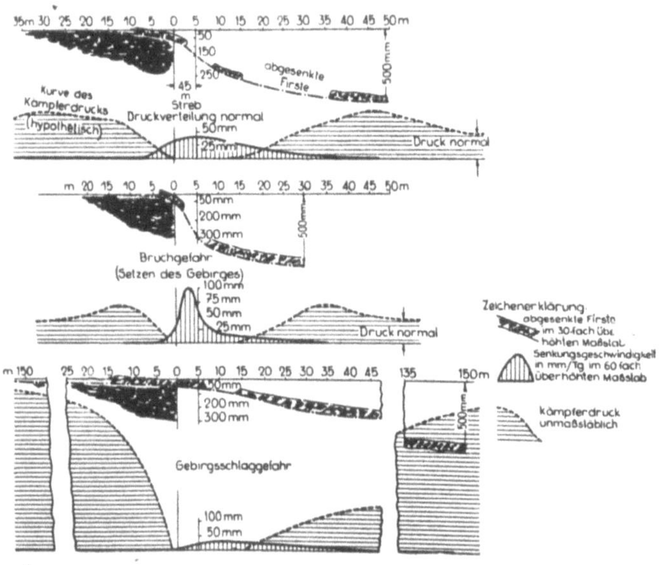

Abb. 26. Zusammenhänge zwischen Kämpferdruck, Firstensenkung und Senkungsgeschwindigkeit

Diese Tatsache ist wohl damit begründet, daß die Hangendsenkung am Stoß und im offenen Abbauraum im ersten Falle sehr langsam vor sich geht, so daß auch der jeweils zu versetzende Streifen noch fast Stoßhöhe hat und viel Berge aufnehmen kann. Im zweiten Falle hat sich das Dach über dem jeweils zu versetzenden Raumteil in der Regel so stark abgesenkt, daß wesentlich weniger Berge untergebracht werden können, mitunter weniger als $^2/_3$ der Menge des ersten Falles. Die Hangendbiegung wird also im zweiten Falle wesentlich stärker, so daß Periodenbrüche in Gestalt von Hangendschlägen begünstigt werden. Da der obere biegungssteife Schichtenkomplex vor dem Bruch sehr hohe elastische Spannkräfte aufgenommen hat, so führen die Hangendschläge die Gefahr des Zusammenbruches der offenen Abbauräume herbei, wenn der Schichtenkomplex diese Kräfte durch die plötzliche Streckung schlagartig auf die zwischen ihm und dem Flöz liegenden Dachschichten überträgt, wenn also die Dachschichten zwischen dem massigen Sandstein und dem Flöz nur eine ungenügende Mächtigkeit haben.

Im vorliegenden Falle sollen nur die Druckverhältnisse untersucht werden, die sich bei biegungsfestem Dach — unmittelbare Auflagerung der biegungsfesten Schichtenkomplexe — ergeben.

Verfolgt man hiernach die Absenkung des Hangenden, wie sie für das biegungssteife, gebirgsschlaggefährdete Flöz in Abb. 26 dargestellt ist, der Profillinie A—B in Abb. 14 entsprechend, so beginnt die Absenkung bereits etwa 170 m vor dem Abbaustoß in der anstehenden Kohle. In den anfänglichen 120 m, d. h. rd. 50 m vor dem Stoß erreicht die Senkung erst einen Betrag von ca. 10 mm. Das Hangende biegt sich dann stärker durch. Die stärkste Krümmung liegt etwa 20 m vor dem Stoß. Von hier ab streckt sich die Krümmung, wahrscheinlich 30—40 m, hinter dem Abbaustoß im alten Mann in eine gerade Linie — den Wendepunkt — um anschließend in eine entgegengesetzt nach oben offene Krümmung überzugehen. Am Kohlenstoß beträgt die Senkung rd. 80 mm.

Es ist selbstverständlich, daß der Zusammenpressung des Flözes eine Steigerung der Druckspannung im Flöz gegenübersteht, die mit zunehmender Zusammenpressung wachsen muß. Jedoch kann die Kohle am Abbaustoß in den offenen Abbauraum ausweichen. Infolgedessen muß hier ein Druckabfall eintreten. Die stärkere Absenkung des Hangenden muß also da beginnen, wo die Kohle anfängt, nach dem Abbauraum auszuweichen. Das bedeutet, daß die höchste Pressung in der anstehenden Kohle unmittelbar vor der Stelle der stärkeren Krümmung des Hangenden, also etwa zwischen 15—30 m vor dem Abbaustoß liegt.

Aus dieser Überlegung ergibt sich eine Reihe von Schlußfolgerungen. Unterstellt man unter sonst gleichen Voraussetzungen eine Zunahme der Flözmächtigkeit, so müssen die Reibungs- und sonstigen Widerstände im Flöz sinken. In gewisser Hinsicht sind die Widerstände des Kohlenflözes zu vergleichen mit den Widerständen eines zwischen einer höheren Halde (Kippe) und dem festeren Untergrunde eingeschlossenen weichen Liegendmasse. Nach meiner Untersuchung kann man für diesen Fall die Gleichung

$$L = \frac{m \cdot \sqrt[4]{p}}{w_u},$$

da die Beschaffenheit des Steinkohlengebirges nicht genügend untersucht ist, besser die Gleichung:

$$L = \frac{m \cdot \sqrt[x]{p}}{w_u}$$

anwenden (Abb. 27). Hierbei sind:

L = der für die Aufnahme des Druckes erforderliche Bremsweg in cm,
m = Mächtigkeit der eingeschlossenen weichen Schicht in cm,
p = Auflagedruck in kg/cm²,
w_u = Widerstandsbeiwert der eingeschlossenen weichen Schicht.

Ganz abgesehen davon, daß mit zunehmender Flözmächtigkeit die Biegungsbeanspruchung des Hangenden sehr bald bis zur Bruchgefahr (Hangendbrüche) wächst, nimmt gleichzeitig der Bremsweg zu und der Druckanstieg in kg/cm² je cm ab. Damit nimmt auch die Flözschlaggefahr ab.

Abb. 27.

Andererseits nimmt bei Unterschreitung einer gewissen Flözmächtigkeit die Spannweite des mehr oder weniger frei tragenden Hangenden ab, da es sich bei gleicher Durchbiegung in entsprechend geringerer Entfernung vom Abbaustoß wieder fest auf das Liegende bzw. den Versatz auflegt. Der Druck nimmt ab, und das Druckmaximum rückt näher an den Kohlenstoß. Die Flözschlaggefahr nimmt auch hier ab. Der Druck beschränkt sich bei sehr hartem Flözmaterial mehr auf die Bildung von Druckschalen, wie sie beim Abbau des Mansfelder Kupferschieferflözes gelegentlich besonders deutlich zu beobachten ist. Hier liegt der „Druck“ nahe dem Strebstoß, da L infolge des hohen Widerstandes w und der geringen Höhe m des Abbauhohlraumes sehr kurz ist.

Mit diesen Überlegungen stimmen die Beobachtungen von PATTEISKY[1]) überein, der anführt: „Teilt sich z. B. ein zu Bergschlägen neigendes 2,0 m mächtiges Flöz infolge Einschaltung eines Gesteinsmittels in zwei nur 1,0 m mächtige Kohlenbänke, so wird trotz des Vorhandenseins von gleicher Tiefe und gleichem Hangenden keine Bergeschlaggefahr mehr bestehen.“ Andererseits weist KAMPERS[2]) noch darauf hin, daß in den mächtigen Flözen Oberschlesiens keine elastischen Gebirgsschläge bei bruchfreiem Gebirge (Flözschläge), sondern gegebenenfalls Periodenbrüche im hangenden Sandstein auftreten.

Im offenen Abbauraum kann das biegungsfeste Hangende keine erhebliche Druckwirkung äußern. Der Stempelausbau kann hier nicht die Aufgabe erfüllen, die Hangendsenkung fühlbar zu vermindern. Selbst wenn von der nach HOFFMANN etwa 300 m breiten, mehr oder weniger freitragenden Hangendfläche nur $^1/_{20}$ vom Stempelausbau getragen und der Druck des übrigen Teiles von der Kohle und dem Versatz aufgenommen würde, entstehen bei etwa 600 m Teufe schon Belastungen, die jeden Einfluß des Stempelausbaues auf die Hangendsenkung ausschließen. Einem offenen Abbauraum von 4 m Breite würde ein vom Stempelausbau zu tragender Anteil von etwa 16 m Breite gegenüberstehen. Daraus folgt, daß jeder Stempel bei 1,0 m Abstand eine Last von $4 \cdot 1500 = 6000$ t zu tragen hätte. Die Biegungsfestigkeit des Hangenden bewirkt, daß der Stempelausbau tatsächlich praktisch vom Hangenddruck nichts aufzunehmen hat, bzw. der Hangendsenkung keine merkbare Gegenwirkung entgegensetzen muß. Er hat nur die Aufgabe, etwaige abgelöste Schalen, lose Konkretionen (Sargdeckel usw.) zu tragen. Dazu genügt ein schwacher Ausbau, der aber die etwaigen, vergleichsweise geringen Lasten bei geringstem Einsinkweg aufnehmen muß, weil sonst der Ausbau mit den aufliegenden Massen den Reibungsschluß mit den festen Schichten des darüber liegenden, sehr langsam absinkenden Hangenden verliert und dadurch seine Standfestigkeit mehr oder weniger einbüßt.

Es ist bekannt, daß bei etwaigen Flözschlägen die Stempel vielfach umgeworfen und dann ohne weiteres wieder an ihrer alten Stelle eingebaut werden können. Die Hangendsenkung und damit auch die Druckaufnahme des Stempels sind in diesen Fällen sehr gering und entsprechen der Stempelverkürzung, die durch die elastische Streckung des Hangenden bewirkt wird. Vergl. S. 28—29.

Während die Aufnahme des Hangenddruckes durch die anstehende Kohle verhältnismäßig leicht zu übersehen und in der Literatur eingehend behandelt ist, bereitet die Klärung der Druckaufnahme durch den Versatz erhebliche Schwierigkeiten. Grundlegende Untersuchungen und Versuche sind auf diesem Gebiete meines Wissens noch nicht veröffentlicht worden trotz der außerordentlichen Wichtigkeit, welche die Klärung dieser Frage für die Betriebe und auch für die wissenschaftliche Erkenntnis hat.

Die Tragfähigkeit des Versatzes ist abhängig von der Festigkeit des Versatzmaterials, seiner Korngröße und Kornzusammensetzung und von der Dichtigkeit und Gleichmäßigkeit des Einbringens.

---

[1]) Schlägel und Eisen 35, 1937 S. 114—119. PATTEISKY: Die Erdbeben und Bergschläge in Schles.-Ostrau.

[2]) Glückauf 73, 1937, S. 1165—1174. KAMPERS: Entstehungsvorgänge und Auswirkungen von Gebirgsschlägen im rheinisch-westfälischen und oberschlesischen Steinkohlenbergbau.

Nimmt man zunächst einen Blas- oder Schleuderversatz aus einem trockenen feinkörnigen Material an, so ergibt sich, daß der Versatz sich in flachen Bauen beim Einbringen abböscht (Abb. 27 Linie *a*). Selbst wenn das Versatzgut dicht unter das Hangende eingebracht wird, so liegt es doch lose. Von der oberen Böschungskante des Versatzes (Abb. 27) bis etwa 1—2 m in Richtung zum alten Mann (Punkt *b*) wird die Tragfähigkeit nicht höher als die eines geschütteten körnigen Sandes sein. Bei tonigem Versatzmaterial ist sie wesentlich geringer.

Im Förderbrückenbetrieb der Braunkohlentagebaue rechnet man für Stützgleise der Förderbrücken, die gegebenenfalls auf frisch aus etwa 10 m Höhe angeschüttetem Sande verlegt werden, eine zulässige Belastung von etwa 0,9—1,0 kg/cm². Da hier eine ausreichende Sicherheit in Rechnung gesetzt wird, kann man die Tragfähigkeit zunächst zu etwa 2—2,5 kg/cm² annehmen. Das entspricht einer Tragfähigkeit von 20—25 t/m². Die weitere Druckaufnahmefähigkeit des Materials ist abhängig von der Verdichtung, die aber wieder abhängig ist von der Möglichkeit, einer seitlichen Verdrängung in offene Grubenräume (vgl. Abb. 27).

Eine rechnerische Ermittlung des hierzu erforderlichen Reibungsweges setzt voraus, daß sich das Hangende auf dem Reibungswege mit einem Druck auflegt, der vom Maximum gleichmäßig auf den Nullwert am Versatzrande absinkt. Diese Voraussetzung dürfte wohl nur bei sehr biegungssteifem Hangenden annähernd gegeben sein. Für trockene feinkörnige Sandsteinberge kann man den Widerstand $w =$ etwa 0,3 setzen. Zieht man eine Gesamtabsenkung des Hangenden von 0,10 m bis zum Versatzrande in Betracht, so hat der Versatzraum eines Flözes von 1,40 m Mächtigkeit eine Höhe von 1,30 m. Nach der Gleichung

$$L = \frac{m \cdot \sqrt[4]{p}}{w}, \text{ in welcher}$$

$L =$ erforderlicher Bremsweg in cm,
$m =$ Raumhöhe bzw. Versatzmächtigkeit in cm, hier 130 cm,
$p =$ Auflastdruck des Deckgebirges in kg/cm², hier 300 kg/cm²,
$w =$ Widerstandsbeiwert des Versatzmaterials, hier etwa 0,3 bei sandigem Material
etwa 0,2 bei tonigem Material

bedeuten, ergibt sich für ein sandiges Material ein Bremsweg von $L = \frac{130 \cdot 4{,}12}{0{,}3} =$ etwa 1452,0 cm bzw. 14,52 m. Für toniges Material würde $L = 22{,}85$ m betragen. Das bedeutet, daß der Versatz erst in einer Entfernung vom Versatzstoß, die etwa 15 m bei sandigem und etwa 23 m bei tonigem Material beträgt, in der Lage ist, den Auflastdruck in Höhe von 150 kg/cm², ohne seitlich auszuweichen, lediglich unter entsprechender Verdichtung, zu tragen.

Diese Feststellung ist insofern von Wichtigkeit, als sie zeigt, daß parallele Strebstrecken, die im Versatz in Abständen von weniger als 36 m bzw. 45 m voneinander ausgespart werden, bei Versatzmaterial von den angenommenen Widerstandsbeiwerten unweigerlich zu einer Verdrängung des Versatzes in die offenen Grubenräume führen, bis für m, d. h. durch die verminderte Mächtigkeit des Versatzes, ein neuer Gleichgewichtszustand geschaffen ist. Die Senkung des Hangenden würde also entsprechend größer. Durch Bergekästen, die an den Streckenstößen angeordnet sind, kann der Widerstand gegen das Vorpressen des Versatzes wesentlich erhöht werden.

Bei scharfkantigem, gröberem Sandsteinmaterial wird der Widerstandsbeiwert des Versatzes größer sein. Die Untersuchung zeigt jedenfalls, daß das Verhalten des Versatzmaterials einer eingehenden Untersuchung bedarf. In den vorstehenden Beispielen sind die Werte nur angenommen. Welche Bedeutung der Widerstandsbeiwert hat, geht schon daraus hervor, daß bei $w = 1$ im vorliegenden Falle nur ein Bremsweg von 5,35 m erforderlich wird.

Für die Druckaufnahme des Versatzes ist diese Überlegung insofern von Bedeutung, als nach den Messungen von HOFFMANN der Versatz in einer Entfernung von 130 m vom Abbaustoß nur 27 cm zusammengedrückt ist. Daraus geht hervor, daß der Druck, den das biegungssteife Hangende in etwa 15—20 m Entfernung vom Versatzstoß ausüben kann, noch sehr gering ist. Er reicht offenbar nicht aus, um eine Verdrängung des frisch eingebrachten Versatzes zum offenen Abbauraum zu bewirken. Wohl werden sich diese Seitendrücke in Strebstrecken bemerkbar machen, die in Entfernungen von 120—150 m vom Abbaustoß im Versatz ausgespart sind. Sie zwingen dort zu entsprechenden Maßnahmen (Holz-Bergepfeiler usw.).

HOFFMANN gibt an, daß beim Abbau des Flözes Girondelle der Zeche Friedrich Heinrich der Versatz in etwa 130 m Entfernung vom Abbaustoß um 27 cm zusammengepreßt sei. In der gleichen Veröffentlichung wird in der hier wiedergegebenen Abb. 26 in einer Entfernung von 45 m vom Abbaustoß eine Absenkung von 300 mm und in einer Entfernung von 135—150 m eine solche von 500 mm angegeben. Diese Differenzen sind erheblich und vermutlich auf einen Druckfehler zurückzuführen. Aber sie beeinflussen die grundsätzlichen Folgerungen nicht, die aus den Beobachtungen zu ziehen sind.

Die „Kämpferdrücke“ sind unmaßstäblich eingetragen. Messungen liegen leider nicht vor, so daß auch aus den Druckkurven keine Schlüsse gezogen werden können. Der Abbauraum hat an dem Versatzstoß eine Höhe von etwa 130 cm. Etwa 150 m hinter dem Abbaustoß ist der Versatz um etwa 40 cm zusammengepreßt (5—10 cm Vorsenkung am Versatzstoß). Rechnet man mit einer Versatzlücke am Versatzstoß von 10 cm, so beträgt die tatsächliche Zusammenpressung 150 m, hinter dem Abbaustoß nur 30 cm oder rd. 23%. Es muß daher angenommen werden, daß die mit etwa 30% zu schätzende endgültige Zusammenpressung erst bei etwa 200 m Abstand vom Abbaustoß eintreten wird. HOFFMANN hat zweifellos in Erkenntnis dieser Tatsache ein Abfallen des Druckes hinter dem Maximum angedeutet, obwohl eher anzunehmen ist, daß der Druck in 200 m Abstand vom Stoß den Auflagedruck des Deckgebirges — wenn auch noch nicht seines Gewichtes — erreicht. Die Tatsache, daß die Absenkung des Hangenden offenbar erst in einem Abstande von mehr als 150 m vom Abbaustoß beendet ist, zeigt, daß die Druckwirkung des Hangenden am Kohlenstoß, bzw. dessen Absenkung nur durch Verwendung eines Versatzes vermindert werden kann, der eine hohe Anfangsdichte hat, so daß der mögliche Verdichtungsgrad ein sehr geringer ist. Da die Seitendruckwirkungen, wie bereits erwähnt, hier am Versatzstoße sehr geringe sind, wird man einen Versatz anwenden können, der durch Stampfen usw. tatsächlich genügend verdichtet wird. Die Anfangstragfähigkeit braucht nicht sehr hoch zu sein. Jedoch dürfen im alten Mann keine Strecken usw. offen gehalten werden. Zweckmäßig wird es aber sein, am Unterstoß der Grundstrecke, also am Stoße der anstehenden Kohle, eine Standholzpfeilerreihe zu setzen, um beim Verhieb des nächsttieferen Flözstreifens den Versatz des oberen alten Abbaues abzufangen und Einwirkungen desselben auf den neuen Abbau zu verhindern.

[1]) Lüttich 1951, S. 184, Fig. 7.

Für diesen Zweck dürfte auch der mechanisierte Tonkugelversatz nach BAUMGARTNER geeignet sein, da die Nachteile, die s. Z. zu dessen Aufgabe zwangen, beim Abbau des Flözes in *einer* Scheibe nicht auftreten.

Im scheinbaren Gegensatz zu diesen Ausführungen hat man bei festem Sandstein doch vielfach und mit gutem Erfolg einen Versatz von hoher Anfangstragfähigkeit angewandt. Hierzu gehört die Verwendung von Standholzpfeilern, die von CABOLET[1]) eingehend beschrieben wurden, und die Anwendung von Bergerippen[2]).

Die Wirkung dieser Versatzarten beruht jedoch nicht auf ihrer Anfangstragfähigkeit, sondern ausschließlich in der Dauer ihrer Tragfähigkeit, die daher in größerer Entfernung vom Abbaustoß das Hangende erheblich stützt und die Biegungsbeanspruchung desselben wesentlich herabsetzt.

Jedoch ist zu beachten, daß die mit Bergeklein gefüllten Holzpfeiler von etwa 1,20 m Kantenlänge nur eine Tragfähigkeit von etwa 120 t haben. Sie werden schon bei einer Absenkung des Hangenden von etwa 150—200 mm völlig zerdrückt und verlieren ihre Tragfähigkeit, wenn die Zwischenräume zwischen den Holzpfeilern nicht vollständig mit Bergen ausgefüllt sind. Auch dann wird die Tragfähigkeit des Versatzes nur noch von seiner Dichte bestimmt. Je lockerer die Berge in und neben den Kästen liegen, um so stärker erfolgt nach Zerstörung der Holzpfeiler die Absenkung.

Sorgfältig hergestellte Bergemauern werden eine Tragfähigkeit von etwa 25—35 kg/cm² = 250 — 350 t/m² haben. Außerdem haben sorgfältig hergestellte Bergemauern eine außerordentlich hohe Dichte. Übersteigt die Breite der Bergemauern ihre Höhe um das mindestens zweifache und sind die Zwischenräume zwischen denselben dicht mit mehr oder weniger gemischtkörnigen Bergen ausgefüllt, so ist die Tragfähigkeit noch wesentlich höher und kann wohl 40—50 kg/cm² = 400—500 t/m² erreichen.

Immerhin muß bei der Sprödigkeit des Materials damit gerechnet werden, daß bei Belastungen von 1000—1500 t/m² die Bergemauern zerdrückt sind. Die Absenkung ist dann in erster Linie abhängig von der Dichtigkeit des zwischen den Bergemauern eingebrachten feinkörnigen Versatzes. Daraus folgt, daß nicht nur die Bergemauern, unter Ausfüllung aller Zwischenräume — die engsten mit Feinbergen — sorgfältig hergestellt werden müssen, sondern daß auch der Versatz zwischen den Bergerippen möglichst dicht eingebracht werden muß.

Der von der Niederrheinischen Bergwerks A-G. Neukirchen[3]) angewandte Abbau mit Rippenversatz wurde so durchgeführt, daß etwa 4 m breite Streifen im Hangenden niedergebrochen wurden. Mit den dabei gewonnenen Grobbergen wurden 4 m breite, zu beiden Seiten anschließende Streifen des unverletzt gebliebenen Hangenden durch Bergemauern unterstützt. Die Feinberge blieben in dem Raum zwischen den Bergemauern zurück. Diese Hohlräume waren also ungenügend ausgefüllt. Das Hangende wurde immerhin gut unterstützt, was sich dadurch kennzeichnete, daß es sich in den rd. 4 m breiten Abbauhohlräumen auf der Versatzseite gegenüber der Kohlenstoßseite nur um etwa 10 cm senkte. Bei einem unmittelbar anschließend im gleichen Flöz mit gleichem Gebirgsaufbau durchgeführten Strebbruchbau betrug die Hangendabsenkung zwischen Kohlenstoß und Versatzseite rd. 50 cm.

---

[1]) Glückauf 75, 1939, S. 2—13 und 46—52. CABOLET: Erfahrungen beim Abbau mit Standholzpfeilern im Bergbaurevier Bochum I.

[2]) KEGEL: Bergmännische Gebirgsmechanik, II. Aufl. S. 67.

[3]) KEGEL: Bergmännische Gebirgsmechanik, II. Aufl. S. 67.

Der Vergleich zeigt schon, daß der Begriff „biegungsfestes Hangendes" nicht ganz klar bestimmt werden kann. Abgesehen davon, daß die „Biegefestigkeit" ein und desselben Hangenden von der Flözmächtigkeit abhängig ist, da die Biegebeanspruchung mit letzterer zunimmt, schwankt die Biege- und sonstige Beanspruchung je nach der Art und Durchführung des angewandten Versatzes.

Während bei einem Hangenden, wie es in den Flözen Girondelle, Sonnenschein usw. häufig angetroffen wird, vor allem die Anfangsdichtigkeit des Versatzes in Betracht kommt und der Widerstand gegen Seitenverdrängung sowie die Anfangstragfestigkeit an Bedeutung zurücktreten, tritt mit zunehmender Biegsamkeit die Bedeutung des Widerstandes gegen die Seitenverdrängung neben der Versatzdichte mehr und mehr hervor. Bei gebrächem, schnell sinkendem Hangenden wird außerdem die Anfangstragfähigkeit des Versatzes wichtig. Auch hier wird letzten Endes der Senkungsbetrag durch die Versatzdichte bestimmt. Das gilt z. B. auch für ein dünnbankiges Hangende, dessen Druckverlauf von MIDDENDORF und JACOBI beschrieben ist (s. S. 32, Abb. 21). Hier ist ein Druckanstieg von 250 t/m² nach rd. 20 m Abstand vom Versatzstoß erreicht. Sobald bei einem sehr brüchigen Dach dieser Druckanstieg näher an den Versatzstoß heranrückt, die Gefahr der Setzungsbrüche ein.

Auffallend ist die Beobachtung, daß bei massigem, biegungssteifem Hangenden eine Absenkung schon in etwa 120—170 m, eine stärkere Biegung dagegen erst etwa 30 m anrückt, vor dem Abbaustoß eintritt.

Geht man von der Überlegung aus, daß die anstehende Kohle am Stoß durch den Druck vorgepreßt wird, so muß die Tiefe dieser Druckwirkung nach der Gleichung

$$L = \frac{m \cdot \sqrt[x]{p}}{w}$$

bestimmt werden durch die Flözmächtigkeit m, die Widerstandsziffer w der Kohle und durch den wirksamen Druck p, der wesentlich größer als der Auflagedruck ist und dem ebengenannten Druckmaximum entspricht.

Die stärkere Senkungsbiegung des Hangenden muß am Beginn der Tiefenwirkung des Druckes, also am Beginn von L eintreten. Sie kennzeichnet also das Zusammenspiel der Hangenddruckwirkung und der Biegungssteifigkeit des Hangenden mit dem Vorschubwiderstand der Kohle. Zu beachten ist, daß die Tiefenwirkung L zugleich durch die Zangenwirkung des sich herabbiegenden Hangenden und evtl. des sich elastisch nach oben dehnenden Liegenden beeinflußt wird. Je biegsamer das Hangende ist, um so geringer wird der zusätzliche Biegungsdruck und damit auch die Tiefenwirkung L des Druckes und der Abstand des Druckmaximums vom Abbaustoß.

Aus dieser Überlegung folgt, daß die Tiefenwirkung L im Mansfelder Strebbau infolge der geringen Flözmächtigkeit bzw. Raumhöhe des offenen Abbauraumes und vor allem infolge der hohen Festigkeit des Flözgebirges sehr gering ist. Der „Druck" liegt also dicht vor dem Strebstoß im anstehenden Flözteil. Nach Lage der Dinge wird die Zonenbreite der Druckwirkung vergleichsweise sehr gering sein, während die Maximalhöhe des Druckes sehr hoch ist. Das Druckmaximum wird nicht wesentlich über etwa 50 bis 100 cm vor dem Strebstoß liegen.

In den weicheren Steinkohlenflözen wird die Lage des Druckmaximums durch die Mächtigkeit und Festigkeit der Kohle, die Art des Versatzes und den Biegungs- und Senkungswiderstand des Hangenden und gelegentlich durch die Weichheit des Liegenden beeinflußt. Je geringer der Biegungswiderstand des Hangenden ist, um so geringer werden die zusätzlichen Abbaudrücke und um so geringer auch die Tiefenwirkung L.

Soweit die Mitwirkung des Versatzes auf den Senkungsvorgang des Hangenden in Frage kommt, ist nach den vorstehenden Ausführungen auch bei einem meist biegungsfesten, aber evtl. infolge tektonischer Klüfte gelegentlich brechenden Hangenden neben dem unbedingten Erfordernis der größten Dichtigkeit eine größere Anfangstragfähigkeit und Widerstand gegen Seitenverdrängung vorteilhaft, besonders in Fällen, in denen das Hangende zerklüftet ist, da an solchen Stellen die Biegungsfestigkeit natürlich unterbrochen sein wird.

Ein gut plastischer, nicht zu feuchter, aber dicht eingestampfter Ton ist im geschlossenen Raum sehr schwer zusammenpreßbar. Er kann also den Druck vollständig aufnehmen, wenn zwischen dem Gebiet der Druckaufnahme und dem offenen Abbauraum ein zum Bremswiderstand ausreichend breiter Versatzstreifen liegt. Wenn die Widerstandskonstante des Tones 0,2 beträgt, so darf eine wesentliche Druckwirkung des Hangenden in 600 m Teufe bei 1,3 m Anfangshöhe des Versatzraumes erst in rd. 23 + 4 = 27 m Abstand vom Versatzstoß im alten Mann auftreten. Man kann erwarten, daß diese Bedingungen in gebirgsschlaggefährdeten Flözen meist erfüllt sind.

Wesentliche Erfolge wird man wahrscheinlich auch durch kräftiges Einstampfen von Schiefertonfeinbergen erreichen, denen auch in guten Mischungen bis etwa 30% gröbere Berge beigemengt werden können. Dieses Material würde einen größeren Seitenverdrängungswiderstand haben und vielleicht auch eine Anfangstragfähigkeit von etwa 10 kg/cm² erreichen können. Jedenfalls verlohnt es sich, durch Versuche im Laboratorium hierüber so weit als möglich Klarheit zu schaffen.

2. Druckwirkungen an der vorspringenden Ecke C der Abb. 14 (Ecksattelfaltung)

Geht ein streichend geführter Langstoßbau — im Einfallen gesehen — unterhalb eines bereits abgebauten Flözteiles um, so wird er bei streichendem Verhieb und senkrecht dazu verlaufendem Abbaustoß gemäß Abb. 14 am Oberstoß durch eine vorspringende Ecke bei C und am Unterstoß durch den einspringenden Winkel bei D begrenzt. Diese Begrenzungen sind für den Verlauf der Deckensenkungen von erheblicher Bedeutung.

Am Oberstoß hatte sich das Hangende in streichender Richtung zum alten Baufeld herabgebogen (Linie F—G). Durch den im Betriebe befindlichen Langstoßbau wird die Decke gezwungen, sich in der Linie C—D zum alten Mann abzusenken. Es treffen also bei C zwei Absenkungsvorgänge im rechten Winkel aufeinander. Infolgedessen muß sich bei bruchfreier Absenkung an der Ecke C die Tendenz zu einer hängenden Sattelfaltung herausbilden, etwa ähnlich wie bei einem Tischtuch an den Ecken eines rechteckigen Tisches. Wird die vorspringende Ecke bei großer Auflast stark zerdrückt, so kann wohl auch eine Abrundung der Druckwirkung eintreten, so daß sich hier einige hängende Sattelfaltungen bilden, etwa wie die Tischdecke an einem runden Tisch.

Ein sehr biegungssteifes Hangendes wird sich jedoch kaum dieser Form anschmiegen. Die bereits vorhandene söhlige Biegungslinie des alten Abbaues wird den Verlauf der Sattelfaltung vorwiegend bestimmen, so daß meist nur eine Sattelfalte entsteht.

Es ist einleuchtend, daß die Sattelfaltung in der Sattellinie einen nach oben gerichteten Druck der Decke bewirken muß, dem an den Sattelflanken ein entsprechender nach unten gerichteter Druck gegenübersteht. Herr Direktor Dr. WEISSNER teilte mir bei einer Unterhaltung über die Gebirgsbewegungen an der vorspringenden Ecke eines Langstoßbaues mit, daß bei sehr biegungssteifem Hangenden an der Stelle, an welcher ich die Ecksattellinie vermute, eine Hebung des Hangenden bis 34 mm festgestellt wurde. Es handelte sich um den Abbau eines 1,2 m mächtigen Gasflammkohlenflözes, dessen Liegendes sehr fest ist und das von einem etwa 40 m mächtigen, massigen Sandsteinhangenden unmittelbar überlagert ist. Infolge der an der Baugrenze zum alten Abbau etwa söhlig (Linie *F—G*, Abb. 14) verlaufenden und durch ihn veranlaßten Deckensenkung wird die Sattellinie mehr oder weniger in die Streichrichtung gedrängt. Trotzdem dürfte eine Tendenz zur Erstreckung in den alten Bau gegeben sein.

Der erhöhte Druck, den die nach dem alten Baufeld abfallende Sattelflanke äußert, liegt im alten Baufeld und greift z. T. etwas in den oberen Rand des im Abbau befindlichen Flözstreifens ein. Dagegen liegt der Druck der nach dem im Betrieb befindlichen Abbau abfallenden Sattelflanke vorwiegend auf den anschließenden Teilen des offenen Abbauraumes.

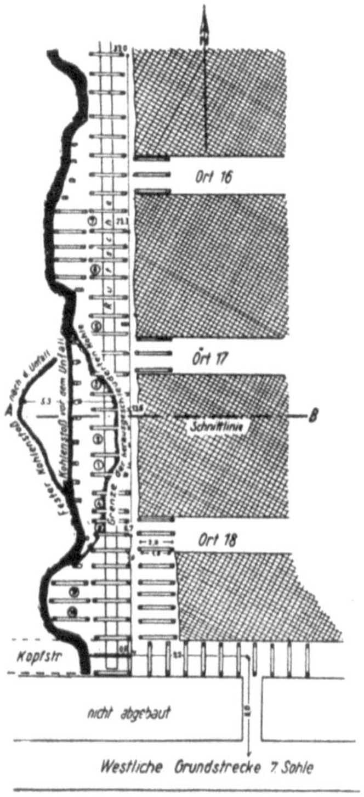

Abb. 28. Westliche Grundstrecke 7. Sohle

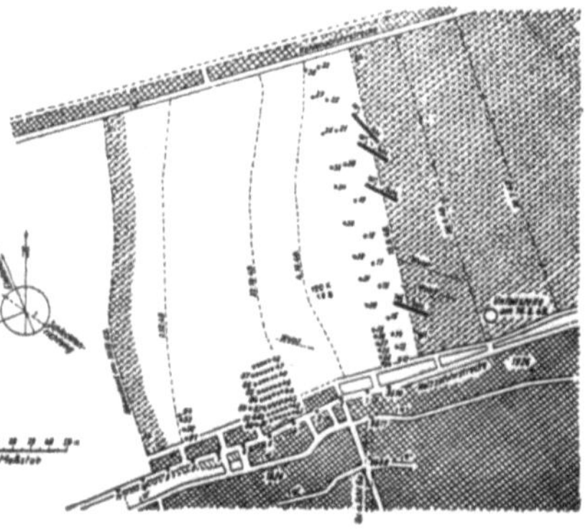

Abb. 29. Lageplan der beobachteten Punkte

Die Lage dieser Druckzone hat HOFFMANN[1]) in seinen Messungen in einem gebirgsschlaggefährdeten Flöz eingehend untersucht. Die Untersuchungen wurden im Flöz Girondelle der Zeche Concordia durchgeführt, nachdem dort am 16. 8. 49 ein Flözschlag im oberen Strebteil erfolgt war. Das Flöz hat hier eine Mächtigkeit von 1,35 m. Es fällt im oberen Strebteil mit 20° und im unteren mit 10° Neigung ein. Das unmittelbare Hangende besteht aus einem 24 m mächtigen massigen Sandstein. Der Abbau geht in rd. 790 m Tiefe um. Die Unfallstelle ist in Abb. 28 angegeben. Der Abbau schritt täglich etwa 2,0 m voran. Der Strebausbau wurde mit angespitzten Holzstempeln und 2 m langen, im Streichen verlegten Holzkappen ausgeführt.

Abb. 29 zeigt den grundrißlichen Lageplan der für die Untersuchung beobachteten Punkte und gibt ein Bild über den Verlauf des Abbaues vom 22. 7. 49 (rechts) bis zum

[1]) Glückauf 1951, Heft 5/6, S. 101/118. Dr.-Ing. H. HOFFMANN: Messungsergebnisse in einem gebirgsschlaggefährdeten Flöz.

30. 12. 49 (links). Die Kopfstrecke des Strebs war früher die Sumpfstrecke des darüber liegenden alten Abbaues der 7. Sohle gewesen (der untere Teil des Bildes). Bis etwa zum 4. 10. 49 wurde der Streb nur bis zu dieser früheren Sumpfstrecke abgebaut, wobei in gewissen Abständen Durchhiebe zwischen der Sumpfstrecke und der Grundstrecke (Holzzufuhrstrecke) geschaffen werden mußten, um das Holz für den Ausbau zuführen zu können. Von Punkt 2 der Holzzufuhrstrecke an wurde auf Veranlassung von Dr. H. Hoffmann der zwischen beiden Strecken anstehende 3—7 m breite Kohlenpfeiler mit abgebaut.

Abb. 30 zeigt die Druckwirkungen der nach dem Abbau abfallenden Sattelflanke. Die Kurven geben die Verminderung des Abstandes zwischen dem Hangenden und Liegenden auf der Linie der Meßpunkte 24 bis 38 wieder. Die Meßpunkte 24—29 liegen

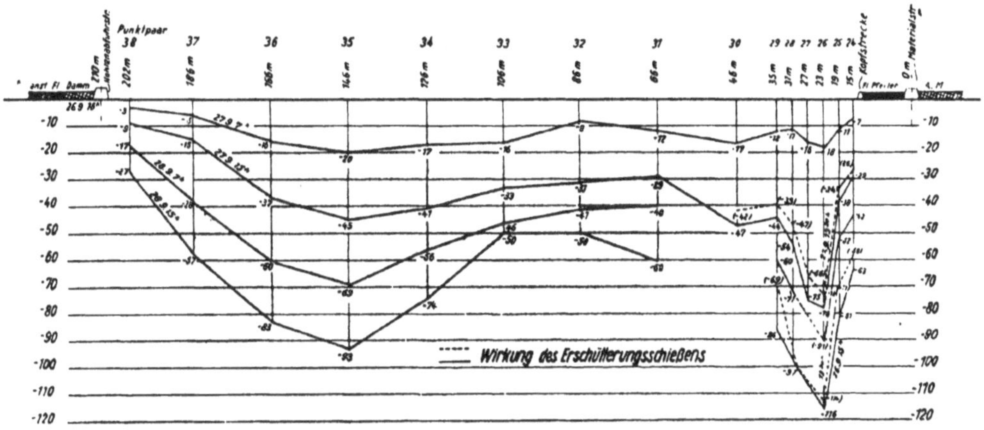

Abb. 30. Strebzusammendrückung längs des Flözstoßes

je 4 m und die anderen je 20 m auseinander. Da das sehr feste Liegende keine meßbaren Aufwölbungen zeigte, kann man die Abstandsverminderungen gleichzeitig als Senkungen des Hangenden ansehen. Die Kurven stellen die Meßergebnisse dar vom 27. 9. 49 — 7 Uhr, vom 27. 9. 49 — 15 Uhr, vom 28. 9. 49 — 7 Uhr und vom 29. 9. 49 — 15 Uhr. Der Abbau ist also in dieser Zeit um rd. 2 m weiter von der Beobachtungslinie abgerückt, so daß auch die Senkungen entsprechend zunahmen. Man erkennt, daß unmittelbar an der Kopfstrecke bis Pkt. 29, der rd. 20 m von der Kopfstrecke entfernt ist, eine außerordentlich starke Absenkung des Hangenden vorliegt, die bei etwa 8 m Abstand von der Kopfstrecke ihr Maximum mit 116 mm erreicht. Gegenüber dieser scharfen Einsenkung ist der wesentlich ruhigere Verlauf der Senkungen im übrigen Strebteil deutlich zu erkennen. Es sind Versuche gemacht, um die Einwirkung der Schießarbeit auf die Senkungsvorgänge festzustellen. Es ergab sich, daß diese Einwirkung praktisch bedeutungslos ist. Die Meßergebnisse an der Linie 12—23 ergaben das gleiche Bild. Die Unterschiede der Senkungen erreichten in der Zeit vom 26. 9. — 16 Uhr bis zum 27. 9. — 15 Uhr bei den nur 4 m voneinander entfernten Punkten 25 und 26 den Betrag von 40 mm.

Nachdem der Streb über Punkt 2 der Holzzufuhrstrecke hinaus war und der Abbau bis zu diesem übergriff, wurden die Messungen an den sechs Punktreihen des Punktnetzes 41 bis 87 am 25. 10. 49 wiederholt. Es stellte sich heraus, daß die größten Unterschiede in der Strebzusammendrückung von 40 mm auf 21 mm zurückgegangen waren. Außerdem liegen sie nicht mehr 20—30 m, sondern nur noch 5—15 m unterhalb der Kopfstrecke.

Diese Feststellungen sind außerordentlich interessant. Sie zeigen, daß die Sattelbildung durch das zunächst stehen gebliebene Kohlenbein verstärkt und verbreitert wurde. Die Folge war eine breite und tiefe Absenkung im oberen Strebteil, also im Wirkungsgebiet der Sattelflanke. Diese wurde durch die Hereingewinnung des Kohlenstreifens vermindert. Vielleicht wurde die Druckwirkung mehr auf die zum alten Baufeld gelegene Sattelflanke verlagert.

Durch den Druck, den die Sattelflanke natürlich auch auf den Kohlenstoß ausübt, kann eine mehr oder weniger tief greifende Zermürbung der anstehenden Kohle hervorgerufen werden, welche die Gefahr der Flözschläge vergrößert. Infolgedessen häufen sich die Flözschläge in Langfrontbauen gebirgsschlaggefährdeter Flöze bei streichendem Verhieb am oberen Strebteil, also an der vorspringenden Ecke. Da sich unterhalb des oberen Randes des in Abbau befindlichen Flözstreifens eine Zone erhöhten Druckes bilden mußte, infolge des zusätzlichen Druckes des über dem alten Abbau abgesunkenen Hangenden (Linie C—F in Abb. 14), so kann eine erhöhte Zermürbung der Kohle auch gegeben sein durch die Kreuzung dieser Zone mit der Druckzone der Abbaufront. Diese Ansicht wird von R. COUILLET[1]) vertreten. Er nimmt aber auch an, daß beide Druckzonen an der Ecke bogenförmig ineinander übergehen. Auch in diesem Falle sind die Scharpunkte beider Zonen die Stellen stärkster Flözzermürbung (Abb. 31). Er weist auf die Steigerung der Gewalt und Häufigkeit der Flözschläge am Ende des Strebs hin. Zweifellos können die Flözschläge durch beide Ursachen gemeinsam bewirkt werden. Die starke Deckensenkung in der Nähe der vorspringenden Ecke der Strebfront und ebenso die von WEISSNER gelegentlich gemessene Hebung der Decke in nächster Nähe der Ecke können aber nur als Folgen einer Eck-Sattelfaltung gedeutet werden. Der von HOFFMANN gemachte Vorschlag, die obere Ecke der Strebfront zu verbrechen und hier die Front diagonal voranzustellen, würde beiden Ansichten entsprechen. Die Sattelfaltenbildung wird geschwächt. Jedoch sind die mit diesem Verfahren verbundenen allgemeinen Betriebsschwierigkeiten zu groß.

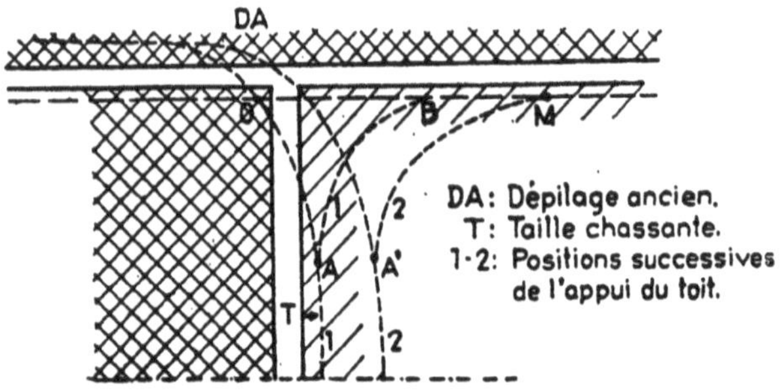

Abb. 31.

Am sichersten dürfte sowohl zur Minderung der Höhe der Druckmaxima als auch der Stärke der Ecksattelfaltung die Einbringung eines Vollversatzes von höchster Dichtigkeit sein. Einen weiteren wichtigen Beitrag zur Stützung der von mir aufgestellten Vermutung der Bildung eines Ecksattels im absinkenden Hangenden an der vorspringenden Ecke des Abbaustoßes bilden die von H. HOFFMANN gleichzeitig mit den bereits erwähnten Messungen durchgeführten Feststellungen der absoluten Horizontalbewegung

[1]) Lüttich 1951, H. 1, S. 422—431. R. COUILLET: Die Vermeidbarkeit von Gebirgsschlägen; ein Vergleich heimgesuchter und verschonter Gebiete.

des Flözhangenden im Bereich der Holzzufuhrstrecke. Dort wurden gemäß Abb. 29 elf Meßpunkte (1—11) festgelegt. Deren Horizontalbewegungen wurden während des Abbaufortschrittes überwacht. Die Ergebnisse dieser Überwachungen sind in Abb. 32 dargestellt. Man kann deutlich erkennen, daß die Bewegung der Punkte, die etwa 120 m

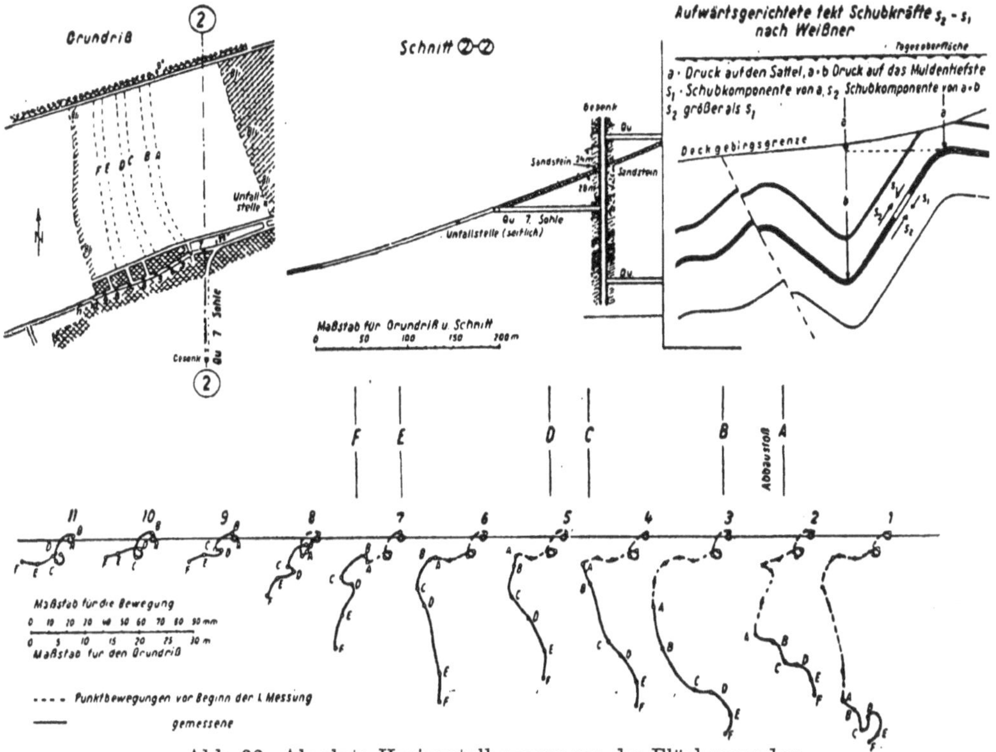

Abb. 32. Absolute Horizontalbewegungen des Flözhangenden

vor dem Strebstoß beginnt, meßbar zu werden, zunächst vorwiegend in der Verhiebsrichtung, d. h. in Richtung zur anstehenden Kohle, erfolgt. Infolge der Versteifung, welche das nach dem alten, oberhalb des Flözstreifens liegenden Abbau herabgebogene Hangende einer seitlichen Bewegung entgegensetzt, ist diese noch sehr gering (vgl. Bewegungspunkt 11). Je näher der Abbau vorrückt, um so stärker machen sich die Kräfte der nach dem altenAbbau wirkenden Sattelflanke bemerklich. Sie erreichen ihre Hauptwirkung in dem Augenblick, in welchem der Abbau eben den Meßpunkt überschritten hat. Dies zeigen deutlich die in Punkt 6 dargestellten Messungen *E* und *F* zur Lage des Abbaustoßes *E* und *F*. Bei weiterem Fortschreiten des Abbaues tritt infolge der Absenkung des Hangenden im neuen Baufeld wieder eine dem Verhieb entgegengesetzte, aber immer noch durch die Sattelflanke seitlich zum alten Abbau gerichtete Bewegung ein — siehe Pkt. 5 — 1 —, die anscheinend bei Punkt 1 allmählich zur Ruhe kommt.

3. Druckwirkungen an der zurückspringenden Ecke D der Abb. 14

Durch die Druckwirkungen des absinkenden Hangenden wird etwa 15—25 m vor dem Kohlenstoß und parallel zu diesem eine Zone erhöhten Druckes als „Abbaudruckwirkung“ erzeugt, deren Druckhöhe weit über dem normalen Druck der Auflast liegt.

Eine gleichartige Druckzone war durch den alten Abbau, der oberhalb der im Betrieb befindlichen umging, in etwa gleicher Entfernung unterhalb des oberen Baurandes des jetzt in Abbau befindlichen Flözstreifens erzeugt (s. Abb. 14 punktierte Linien *F—G* und *C—D*).

Durch den im Betrieb befindlichen Abbau wird sinngemäß eine Druckzone unterhalb der unteren Baugrenze erzeugt (Linie *D—E*).

In der einspringenden Ecke wird das Hangende sowohl durch die vor der Baufront *C—D* als auch durch die unterhalb der Baugrenze *D—E* anstehende Kohle getragen. Die Absenkung wird hier daher stark vermindert. Das ergibt sich auch deutlich aus den von HOFFMANN durchgeführten Messungen der Strebzusammendrückung längs des Flözstoßes im Abbau des Flözes Girondelle der Zeche Concordia (Abb. 30).

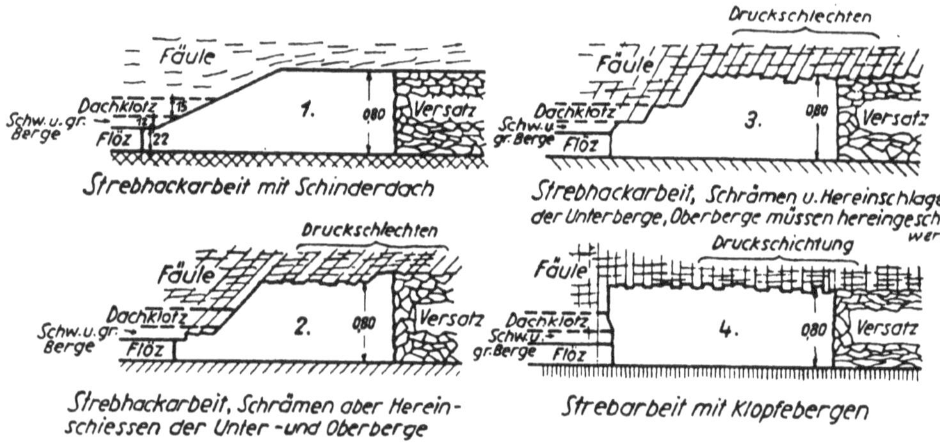

Abb. 33. Die Entwicklung des Gebirgsdruckes

Die beiden Druckzonen *C—D* und *D—E* werden im Eckgebiet bogenförmig ineinander übergehen. Jedoch wird die Druckhöhe dieses Zonenteiles infolge der Einspannung des Hangenden in den beiden Kohlenstoßflanken außerordentlich geschwächt.

Diese Beobachtung führt ohne weiteres zu der Folgerung, daß auch eine mehr oder weniger stark konkav geführte Abbaufront zu einer Schwächung der Druckwirkung führen muß, da an jedem Punkt die absinkende Decke durch die seitlich bogenförmig vorgreifende Flözfront stärker unterstützt wird als an einer geraden Front.

Die Erfahrung, daß man durch eine bogenförmige Führung der Strebfront im Mansfelder Kupferschieferbergbau die Abbaudruckwirkungen weitgehendst regulieren kann, ist uralt. Dieses Verfahren ist besonders bei hartem, festem Gebirge wirksam und daher vorteilhaft.

Mit diesen Überlegungen stimmt auch die Erfahrung überein, daß unter sonst gleichen Voraussetzungen die Druckwirkungen um so stärker werden, je flacher die Bogenfront ist. Sie erreichen also bei gerader Front ihr Maximum. Ich habe in meinem Buche „Bergmännische Gebirgsmechanik“ (III, Aufl. S. 96) hierzu ausgeführt:

„Die Frage, ob sich die in der geraden Front zu erwartenden stärkeren Druckwirkungen, z. B. durch schnelleren Verhieb und guten Versatz meistern lassen, kann nur durch sorgfältig ausgeführte Versuche beantwortet werden.“

Es ist im Mansfelder Bergbau selbstverständlich der Versuch oft gemacht worden, die Leistungen des Betriebes zu steigern, indem man die Strebfronten weniger krümmte. Ich selbst habe mehrfach beobachten können, daß in solchen Fällen die Gewinnung außerordentlich erleichtert wurde. Wurde durch die erhöhte Druckwirkung ein Zustand erreicht, wie er sehr klar von G. Gillitzer[1]) (s. Abb. 33) dargestellt wird, so konnten, wie auch von Gillitzer angegeben, die Berge und die Schiefern durch „Klopfen" gewonnen werden. Man brauchte die Schalen nur mit dem Fäustel an einer Stelle durchzuschlagen (klopfen), um dann die seitlich anschließenden Schalenteile leicht mit der Hacke hereinzuziehen.

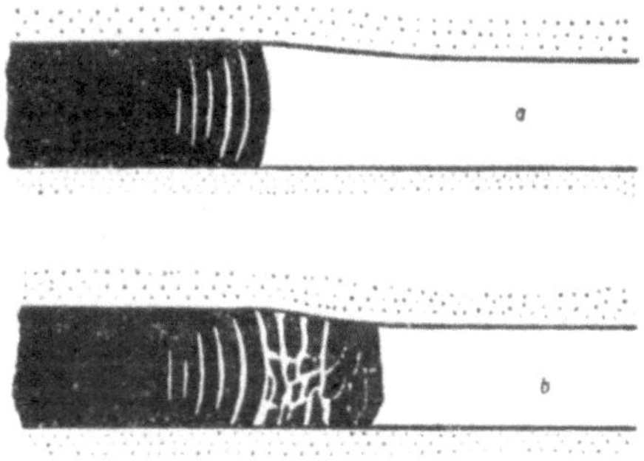

Abb. 34. Andrücken des Abbaustoßes bei günstigem und Zerdrücken bei überstarkem Druck

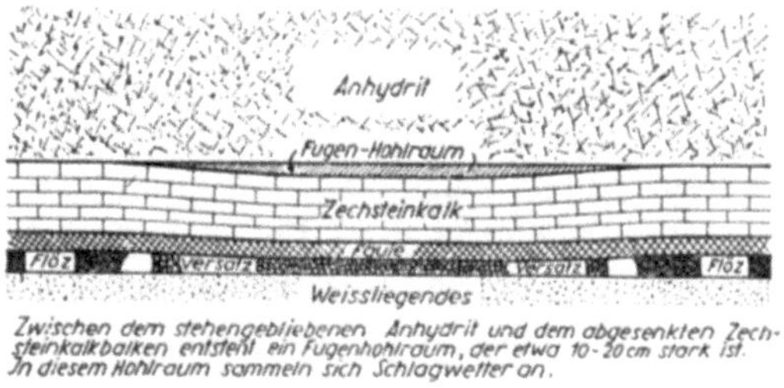

Abb. 35. Stadium des Zechsteinkalkdruckes

Leider war die Freude immer nur von kurzer Dauer. Die Abförderung der Massen konnte mit der Gewinnung nicht Schritt halten und legte einen zu langsamen Verhiebsfortschritt fest. Dieser konnte dem Vorwandern der Druckwirkung nicht folgen. Der Druck erzeugte ein zu breites Band angedrückter und am Stoß wieder zerdrückter und eingeklemmter Massen, deren Gewinnung außerordentlich erschwert war. Das Verfahren versagte also, weil der Verhiebsfortschritt im Wettlauf mit dem Druckfortschritt unterlag[2]) (Abb. 34). Die Bogenfront der Mansfelder Strebfronten hat also nichts mit Gewölbedruck zu tun. Zum Überfluß gibt Gillitzer selbst an, daß die Zechsteinkalke sich deckenförmig absenken (Abb. 35) und daß der Anhydrit in „Periodendrücken" in Abständen von 3—6 Wochen nachbricht. Darin liegt der klarste Beweis für die normalen Biegungs- und Scherbeanspruchungen des Deckgebirges im Mansfelder Bergbau. Auch hier wird die Auflockerung des absinkenden Zechsteins kaum einen Gewölbehohlraum von größerer Flächenausdehnung ermöglichen. Die Höhe derselben kann immer nur wenige cm betragen. Da ein bogenförmig zu Felde getriebener Abbau mit Zunahme der Radienabmessung immer flacher gekrümmt wird, so daß die Gefahr des Festfahrens zu befürchten ist, muß in Mansfeld z. Z. die Front von Zeit zu Zeit unterteilt werden, um stets Teilabschnitte mit genügend gekrümmter Front zu haben. Die vorspringenden Ecken müssen naturgemäß einen erhöhten Druck tragen. Die Fronten dürfen hier nicht zu spitz aneinander stoßen. Die Unfallgefahr ist an diesen Stellen erfahrungsgemäß besonders groß.

---

[1]) Leoben 1950, S. 99. Bergass. Dr. G. Gillitzer: Der Nachweis der Bildung von Gewölbedruck im Abbaubetrieb beim Mansfelder Kupferschieferflöz.

[2]) Kegel: Bergmännische Gebirgsmechanik S. 93, Abb. 73. Der Bergbau 1910. Heft 8, 9, 11, 12. K. Kegel: Die Einwirkung der mechanischen Abbauförderung auf den Abbau von Steinkohlenflözen.

Zweifellos ist die Entwicklung einer leistungsfähigen Förderung am Abbaustoß verbunden mit der eines leicht umzubauenden sicheren Ausbaues hier eine vordringlich zu lösende Aufgabe.

c) Flözschläge, Flöz- und Hangendbewegungen

KAMPERS[1]) berichtete, daß bei dem schweren Gebirgsschlag, der im Jahre 1899 auf der Zeche Recklinghausen I im Flöz Sonnenschein erfolgte, das Hangende im Unfallgebiet fast völlig unversehrt geblieben war. Ebenso weist KÖPLITZ[2]) darauf hin, daß auf Flöz Sonnenschein in der Zeit von 1918 bis 1932 insgesamt 116 Gebirgsschläge (Flözschläge) erfolgten, wobei das Hangende fast stets unversehrt blieb. KAMPERS weist zur Erklärung dieser Vorgänge darauf hin, daß in den zu Bergschlägen neigenden Flözen die Abbaufront durch Senkung des Hangenden und Hebung des Liegenden zusammengepreßt wird. Die unter Druck geratene Kohle der Abbaufront wird zermürbt und in der Richtung „vom Abbau fort" d. h. zum alten Mann vorgeschoben. Da die Kohle an der Abbaufront „zangenförmig" eingepreßt ist, kann dieser Vorschub bei etwaigem Durchbruch des Widerstandes plötzlich als Flözschlag erfolgen. Ich habe mich dieser Anschauung angeschlossen und sie unter Hinweis auf die entstehenden elastischen Druckspannungen weiterhin begründet. Den elastischen Druckspannungen steht der Widerstand der „Zange" gegenüber, der am Kohlenstoß durch die hier stärkere Senkung des Hangenden und Hebung des Liegenden gebildet wird. Überschreitet die Druckspannung den Widerstand, so kann die am Stoß anstehende Kohle in den Abbauraum vorgeschleudert werden, wenn die Entspannung in sehr kurzer Zeit erfolgt[3]). Die Bedeutung dieser Bedingung für die Entstehung eines Flözschlages brachte ich mit dem Satz zum Ausdruck: „Es ergibt sich daraus auch die Wichtigkeit der Zeitspanne, in welcher gegebenenfalls die Auslösung der aufgespeicherten Arbeit erfolgt."

Daraus ergibt sich, daß bei langsamer Auslösung der Druckwirkung, also bei geringerem Druck, kein Flözschlag entsteht, sondern der Kohlenstoß gegebenenfalls mehr oder weniger langsam vorgeschoben wird. Ein solcher allmählicher, kriechender Vorschub der anstehenden Kohle am Kohlenstoß ist bei nicht biegungsfestem Hangenden vielfach beobachtet worden. NEUBERT[4]) beobachtete im Zwickauer Steinkohlenbergbau Stoßwanderungen während der Ruhepausen bis zu 4,2 mm/h. Er stellt fest, daß durch markscheiderische Ermittlung — unter Voraussetzung gleichbleibender Stoßwanderung — die folgende Länge während eines Monats zuviel abgenommen wurde:

Ruhestunden im Monat · Stoßwanderung in mm/h

$$260 \cdot 4{,}2 = 1092 \text{ mm} = 1{,}09 \text{ m}.$$

Man kann aus diesen Beobachtungen schließen, daß die anstehende Kohle vor dem Kohlenstoß unter der Wirkung der Auflast eine allmähliche Verformung erfährt, durch welche sie unter entsprechender Verminderung der Flözmächtigkeit sich in der Richtung zu den angrenzenden offenen Räumen ausdehnt.

---

[1]) Glückauf 1937, S. 1165—1174. KAMPERS: Entstehungsvorgänge u. ....

[2]) Glückauf 1935, S. 1021—1054. KÖPLITZ: Beiträge zur Frage der Gebirgsschläge.

[3]) Glückauf 1931, S. 149—156 und 181—186. Dr. A. GÄRTNER: Die Entspannung des Gebirges und des Gasdruckes durch den Bergbau, besonders S. 183.

[4]) Bergbautechnik 1951, S. 101—106. Prof. Dr.-Ing. hab. K. NEUBERT: Genauigkeit der betrieblichen und markscheiderischen Ermittlung ausgekohlter Räume.

Durch die Abnahme der Mächtigkeit wird der Widerstand des eingeschlossenen Flözteiles gegen die weitere Zusammenpressung verstärkt, bis zwischen beiden Kräften Gleichgewicht herrscht, so daß die Stoßwanderung aufhört. Dieser Gleichgewichtszustand kann nur an feststehenden Baugrenzen eintreten und wird hier durch die Zangenwirkung des abgesunkenen Hangendstreifens und hochgequollenen Liegendstreifens gehalten.

Am Abbaustoß wird dieser Gleichgewichtszustand durch den vorausschreitenden Abbau dauernd gestört, also die elastische Stoßwanderung stets wieder angeregt.

Die hiermit verbundene mehr oder weniger kriechende elastische Flözbewegung muß mit der Absenkung des Hangenden über dem Druckmaximum beginnen. Es ist naheliegend, daß diese Flözbewegung allmählich nach dem Stoß zu an Intensität zunimmt und daß ihr Auftreten wesentlich durch die von den Gewinnungsarbeiten beeinflußten

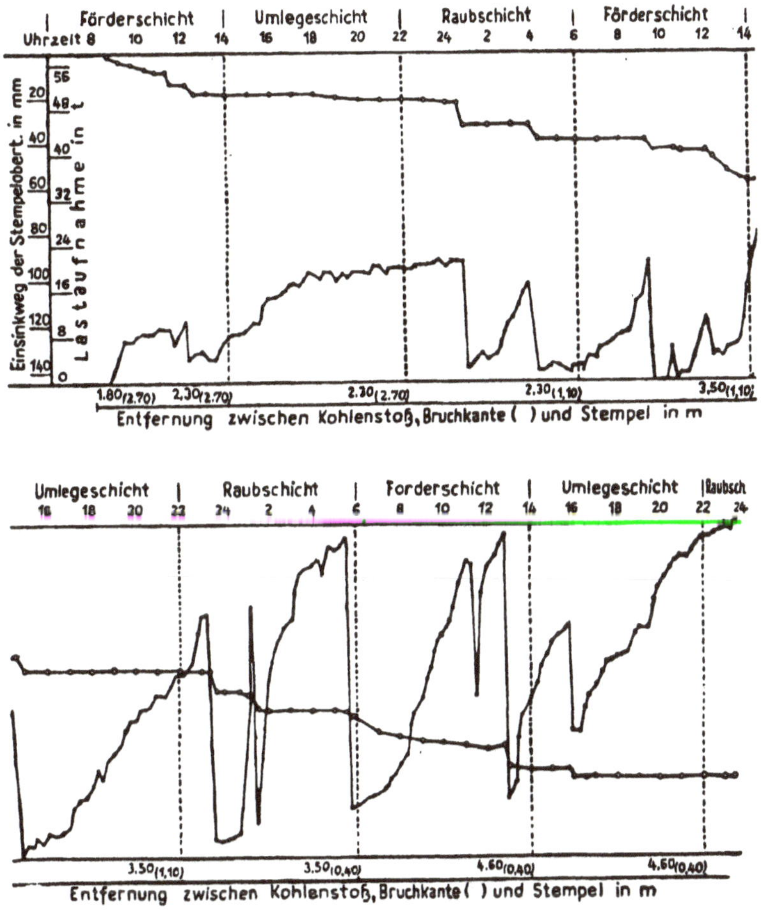

Abb. 36. Belastungsdiagramm eines eisernen Ausbaus bei stempelfreier Abbaufront

Schwankungen der Stoßverlegung bedingt wird. Finden die Gewinnungsarbeiten z. B. täglich nur einmal — etwa zu Anfang der Frühschicht — statt, so wird auch zu gleicher Zeit täglich ein neuer Impuls für die Flözbewegung frei. Theoretisch müßten die Impulswirkungen wellenförmig zum Kohlenstoß wandern, wenn keine örtlichen Differenzen der Widerstände vorliegen. Diese sind aber durch kleine Mächtigkeitsschwankungen, durch Inhomogenität des Flözes usw. gegeben, so daß sich die Spannungen an Orten größeren Widerstandes ansammeln und erst nach deren Überwindung weiter zum Stoß vorwandern. Sehr klar hat SPICKERNAGEL[1]) durch seine Messungen die Wirkungen dieser durch den Betrieb hervorgerufenen Impulse festgestellt (Abb. 36).

Je nach der Lage der erwähnten Hindernisse ist der Fall denkbar, daß in gewissen Teilen des Flözes eine geringere Augenblicksentspannung eintritt als an anderen, so daß hier eine stärkere Restspannung — infolge der elastischen Nachwirkungen — bleibt als ringsum. Bei weiterem Nachschub aus dem anstehenden Flöz steigert sich auch hier die Spannung bis zur Überwindung des vorliegenden Widerstandes. Es ist durchaus denkbar, daß die von NIEMCZYK[2]) und seinen Schülern vor dem Abbaustoß gefundenen Stellen höherer Druckspannungen auf diesen Vorgang zurückzuführen sind.

Zweifellos sind auch die von PHILLIPS[3]) festgestellten, täglich mit dem Vorrücken des Abbaues schwankenden Abnahmen der Mächtigkeit des noch anstehenden Flözes auf diesen Vorgang zurückzuführen. PHILLIPS glaubt, diese Bewegungen als WEBERsche Wellen ansprechen zu sollen.

Mit diesen Überlegungen dürften auch die von H. HOFFMANN festgestellten Hebungen und Senkungen eines biegungssteifen Hangenden ihre Erklärung finden, die sich beim Abbau des Flözes Girondelle der Zeche Concordia ergab (Abb. 26). Er stellte fest, daß die Senkungsintensität mit der Abbau-Geschwindigkeit zunimmt, wobei noch nicht feststeht, in welchem Verhältnis beide zueinander stehen. Die Senkungsintensität ist gewissen Schwankungen unterworfen, die sich durch ein deutliches Auf und Ab der ganzen Sandsteinplatte kennzeichnen. Eine Wiederholung von Auf- und Abbiegungen, also Krümmungen des Hangenden in Gestalt einer Welle, konnten durch die Messungen nicht nachgewiesen werden. Die sogen. WEBERschen Wellen wurden also *nicht* nachgewiesen.

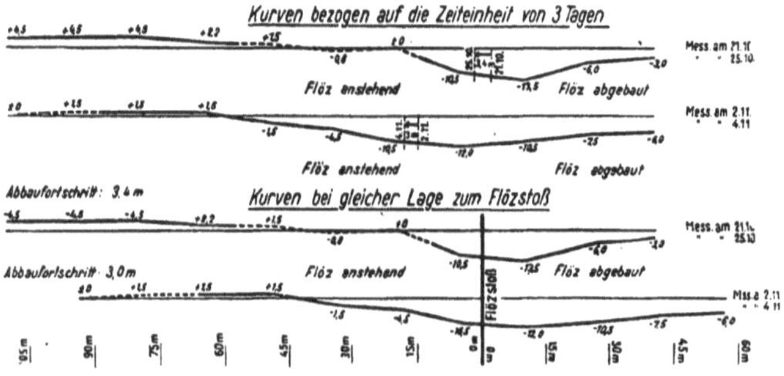

Abb. 37. Senkungen und Hebungen des Flözhangenden zwischen den Messungen

Abb. 37 zeigt die Senkungen und Hebungen des Hangenden nach den am 21. 10. und 25. 10. bzw. 2. 11. und 4. 11. 1950 durchgeführten Messungen. Man kann erkennen, daß das Hangende sich gegenüber dem Stande vom 21. 10. bzw. 2. 11. teilweise sogar gehoben hat. Es hat sich jedoch nie über seine ursprüngliche Lage gehoben. Ich bin der Ansicht, daß diese Schwankungen auf die elastischen Druckdifferenzen zurückzuführen sind, die durch die Impulse der Flözbewegungen ausgelöst wurden. Die Lage der Hangend-

[1]) Bergfreiheit 1951, S. 23—26. Dr. Ing. SPICKERNAGEL: „Gebirgsdruckmessungen im Strebstoßhohlraum" Abb. 3.

[2]) NIEMCZYK: Bergschadenskunde, Verlag Glückauf, Essen 1949.

[3]) D. W. PHILLIPS: Gebirgsdruckforschung in England. Vereinigung amerikanischer Berg- und Hütten-ing. Techn. Veröffentlichung Nr. 2062 Klasse F. Steinkohlenbergbau, November 1946.

fläche ist daher in erster Linie auf elastische Dehnungen des Hangenden bei geringer Druckspannung im Flöz und elastische Rückdrängung bei höheren Druckspannungen im Flöz zurückzuführen. Als Ursache für diese rhythmischen Hangendbewegungen kommt daher nur der Rhythmus der Betriebsvorgänge in Frage.

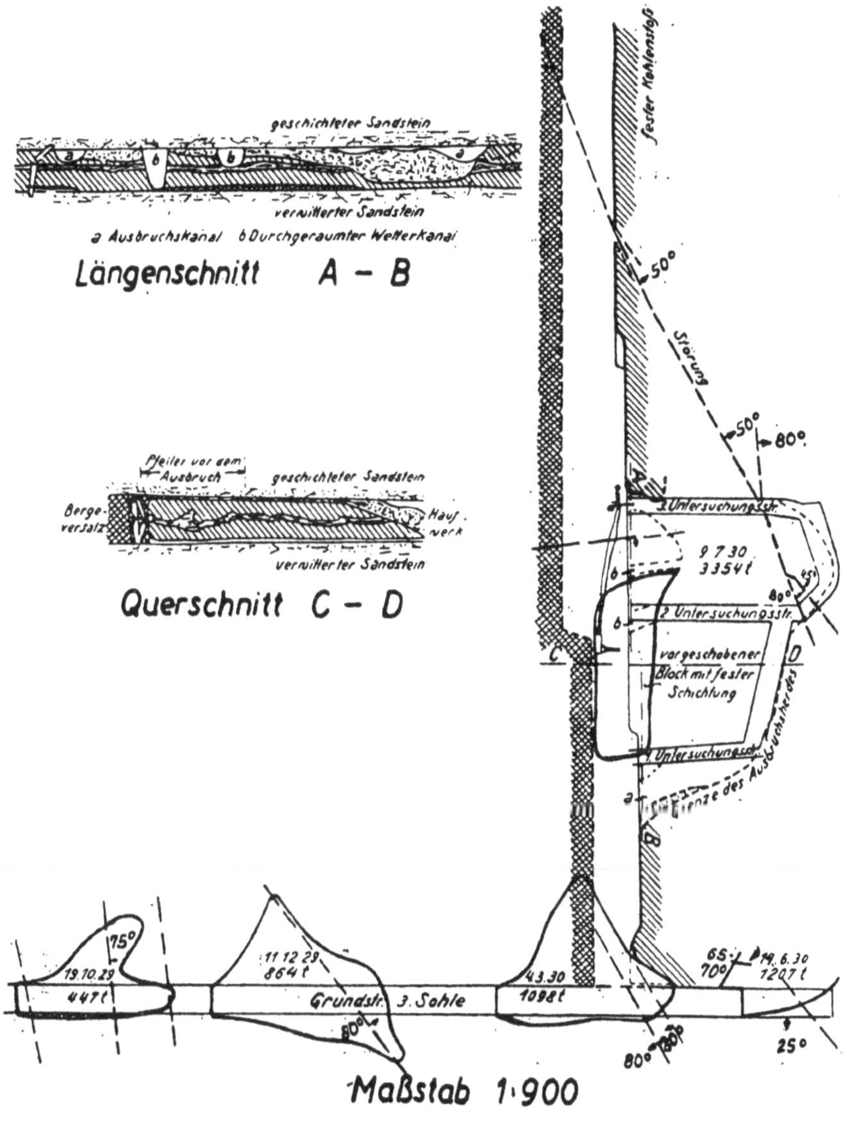

Abb. 38. Lageplan des Strebs im Wenzeslausflöz, in dem sich der Kohlensäureausbruch auf der Wenzeslausgrube am 9. Juli 1930 ereignete

Ebenso gilt diese Schlußfolgerung für die von Niemczyk beobachteten sogen. wellenförmigen Hebungen und Senkungen der Flözsohle bzw. des Liegenden. Hier sind Biegungsbeanspruchungen ausgeschlossen. Da auch keine wellenförmigen Biegungen im Hangenden vorliegen, können die vertikalen Beanspruchungen des Flözliegenden, welche nach NIEMCZYK[1]) die wellenförmigen Stauchungen desselben hervorrufen, nur durch die Flözbewegungen entstehen, die durch den Auflagedruck, verbunden mit dem Abbaufortschritt, ausgelöst werden. Bei weichem Liegenden und hohem Hangenddruck führen diese Stauchungen oft zu Schollenablösungen in Form von Blöcken oder Schalen, die den Abbau stark erschweren. F. SPRUTH[2]) stellte ebenfalls durch Messungen an einem Stempel, der in einer vorgesetzten Abbaustrecke im Flöz Hugo der Zeche General Blumenthal eingebaut wurde, einwandfrei fest, daß keine wellenförmigen Hebungen und Senkungen des Hangenden stattfinden.

Die Flözschläge treten meist ohne vorherige Anzeichen mit oder ohne Gasausbruch, selten mit Einsturz der Abbauräume oder Aufbrechen eines plastischen Liegenden auf. Etwaige Wurfmassen an vorgeschleuderter Kohle können von geringsten Mengen bis zu mehreren 100 t betragen. Vielfach werden fast unzerbrochene Kohlenstöße oder Blöcke vorgeschoben (Abb. 38). Es ist für diese Gebirgsschläge charakteristisch, daß sie vorwiegend nur das Flöz, nicht das Nebengestein treffen. Flözschläge (Kohlenstoßzerknall) treten nur auf in Flözen aus harter Kohle, die im Hangenden und Liegenden von festem, biegungssteifem Gebirge umschlossen sind.

Nach R. COUILLET[3]) treten bei Flözschlägen oft Drucklagen mit glänzender Oberfläche der Kohle auf, die oft nach den tektonischen Schlechten verlaufen und bedeutende Gleitwege erkennen lassen. An solchen Stellen erfolgen oft Auswanderungen riesiger Blöcke. COUILLET schlägt vor, die Strebfront in solchen Fällen möglichst senkrecht zu diesen tektonischen Scherflächen anzusetzen.

Bevorzugte Entladungspunkte der Flözschläge sind Front- und Flözstörungen jeder Art, wie Knappen, Höcker, Winkel des Kohlenstoßverlaufes, Änderungen der Kohlenhärte, des Schlechtenwinkels und der Flözmächtigkeit usw. Auch COUILLET stellte eine Steigerung der Gewalt und Häufigkeit von Flözschlägen am Strebende und an rückliegenden Pfeilern von Pfeilerbruchbauen fest.

COUILLET unterscheidet die Flözschläge von den Hangendschlägen und Gebirgsschlägen. Die Flözschläge sind schon oben eingehend besprochen worden. Hangendschläge entstehen bei Überbeanspruchung der Biegefähigkeit eines biegungsfesten Hangenden, das infolge seines Widerstandes erhebliche Spannungen vor dem Bruch aufnehmen kann. Es handelt sich um Schichten, die unmittelbar oder so dicht über dem Flöz liegen, daß die Abbauwirkungen unvermindert eintreten können. Hangendschläge wiederholen sich nicht am gleichen Punkt, wohl aber oft nach einigen Metern Abbaufortschritt. Kurz vor dem Bruch wird die Kohle milder. Ihre Wirkungen sind örtlich mehr oder weniger stark eingeschränkt. Die Hangendbrüche werden in Deutschland als Periodenbrüche bezeichnet.

Gebirgsschläge haben große mechanische Wirkungen ohne deutliche örtliche Beschränkung. Sie wirken sich meist über mehrere Abbaubetriebe, Ausrichtungsbetriebe, oft über ganze Steigerreviere aus und verursachen oft regionale, schwerste Erschütterungen. Die Bruchursache, d. h. der zerbrechende biegungsfeste Schichtenkomplex liegt

[1]) a. a. O. S. 182.

[2]) Lüttich 1951, S. 38—45; S. 42, Abb. 8 und 9.

[3]) Lüttich 1951, S. 422—431. COUILLET: Die Vermeidbarkeit von Gebirgsschlägen, ein Vergleich heimgesuchter und verschonter Gebiete.

meist sehr hoch über den Abbauen. Daher wird der nach unten gerichtete Schlag durch die zwischenliegenden Gebirgsmassen gemildert, so daß oft nur geringe Wurfmassen in die Grubenbaue geschleudert werden.

Die Gebirgsschläge treten ohne jede vorherige Warnung auf, zuweilen mit mehrfachen Entspannungen. Die Relativbewegungen des Gebirges sind geringe; wohl erfolgen über Tage jäh einsetzende starke Schwingungsbewegungen, die sich erdbebenartig ausbreiten. Die Gebirgsschläge lassen sich vielleicht durch harmonischen Abbau mildern oder vermeiden.

Von besonderem Interesse ist eine Mitteilung, die mir Herr Dr.-Ing. Donath über seismographische Messungen von Gebirgsschlägen im Gebiete des südafrikanischen Goldbergbaues machte. Es wurden bei Gebirgsschlägen über Tage Bodenunruhen beobachtet, während zur gleichen Zeit unterhalb der Abbaue solche nicht festgestellt wurden. Offenbar wird der durch die elastische Auslösung beim Bruch entstehende, nach unten gerichtete Stoß durch den Versatz der abgebauten Räume so stark gedämpft, daß er unterhalb des Abbaues nicht mehr registriert wird, während der nach oben gerichtete Stoß über Tage Bodenunruhen hervorruft.

d) Druckwirkungen im Langstoßbau bei wenig tragfähigem Hangenden (Einwirkung der Hangendbeschaffenheit)

Die Abbausenkungsvorgänge werden bedingt durch die gegenseitige Einwirkung der durch das Absinken des Deckgebirges freiwerdenden Kräfte und der durch den Zusammenpressungswiderstand des Versatzes usw. hervorgerufenen Gegenkräfte (s. Abb. 39).

Der Widerstand, der sich nach Abb. 39 der Absenkung eines *biegungssteifen* Hangenden entgegensetzt, nimmt mit der Entfernung vom Kohlenstoß, also in der Richtung von F über W nach G hin ab. Daraus ergibt sich, daß auch die Absenkungsgeschwindigkeit die Tendenz hat, nach dieser Richtung zuzunehmen. Die Folge davon ist zunächst eine konkave Durchbiegung des Flözdaches. Bei fehlender Unterstützung würde schließlich das Deckgebirge abreißen und in die Tiefe stürzen. Das Deckgebirge reißt um so näher am Abbaustoß ab, je brüchiger und lockerer es ist. Mit Zunahme der Senkungsgeschwindigkeit werden im Deckgebirge entsprechende kinetische, nach unten gerichtete Energien frei.

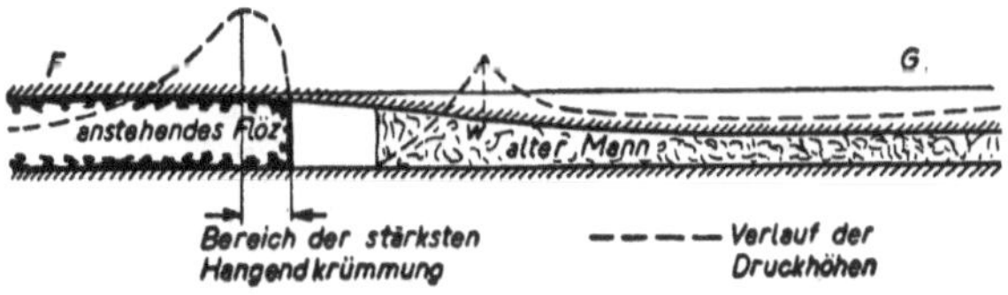

Abb. 39.

Der Versatz setzt dem Druck, der durch das auf ihn absinkende Deckgebirge entsteht, einen mit seiner Verdichtung und Verdichtungsgeschwindigkeit progressiv steigenden Gegendruck entgegen. Dadurch wird die Beschleunigung der Hangendsenkung entsprechend gemildert.

Am Punkt W halten die Gegenkräfte des Versatzes — bei biegungssteifem Hangenden vermehrt um die Biegungswiderstände — den Beschleunigungskräften das Gleichgewicht. Es tritt also keine Beschleunigung mehr ein. Die Senkungsgeschwindigkeit ist hier eine maximale. Es ist zu beachten, daß das Deckgebirge bei sehr biegungssteifem Dach *geschlossen* absinkt.

Zwischen W und A kann daher bei steigender Wirkung des Verdichtungswiderstandes des Versatzes die weitere Absenkung des Deckgebirges nur unter Abgabe entsprechender Mengen der in ihm angesammelten kinetischen Energie erfolgen, d. h. die Absenkung des Deckgebirges wird entsprechend verlangsamt. Der Abfall der kinetischen Energie muß unmittelbar hinter W zunächst schnell erfolgen, da hier die maximale Senkungsgeschwindigkeit auch die größte Verdichtungsarbeit bewirkt.

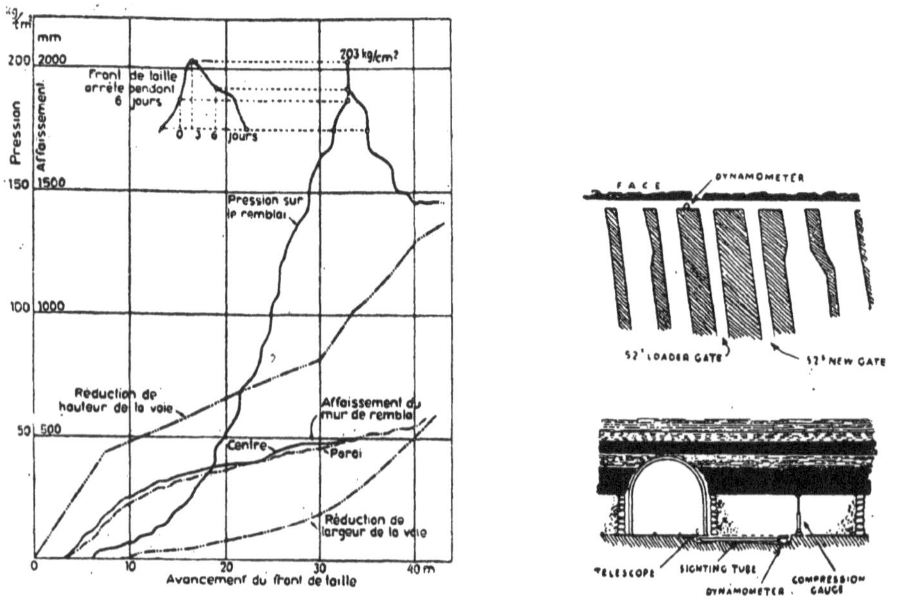

Belastung der Bergerippen
Druck auf den Versatz und Zusammenpressung
der Bergemauern
und der Strecke in Abhängigkeit des Fortschrittes.
Der Strebstoß blieb 6 Tage stehen
beim Auftritt des maximalen Drucks.

Pression sur le remblai = Druck auf dem Versatz.
Réduction de hauteur de la voie = Verkürzung der Streckenhöhe.
Affaissement du mur de remblai = Zusammenpressung der Versatzmauer.
Au centre = In der Mitte.
A la paroi = An der Seite.
Réduction de largeur de la voie = Verminderung der Streckenbreite.
Affaissement = Senkung.
Front de taille arété pendant 6 jours = Streb 6 Tage verzögert.
Avancement du front de taille = Abbaufortschritt.

Loader gate = Förderstrecke.
New gate = Fahrstrecke.
Face = Abbaustoß.
Télescope = Fernrohr.
Sighting tube = Sehrohr.
Compression gauge = Konvergenz-Messer.

Abb. 40.

Bei G ist die kinetische Energie des Hangenden aufgezehrt und der normale Auflagedruck wieder erreicht. Es herrscht also wieder ein statisches Gleichgewicht der Kräfte (Abb. 39).

Die genaue Lage des Punktes G ist sehr schwer zu bestimmen, da die Verdichtung des Versatzes und evtl. des gelockerten Deckgebirges von der Grobverdichtung über die Feinverdichtung (Abb. 25) allmählich zur molekularen Verdichtung vorschreitet und erst mit dieser ihren Abschluß findet. Der Widerstand gegen die molekulare Verdichtung ist außerordentlich groß. So änderten sich z. B. beim Abbau des Marieflözes auf der Gräfin-Johanna-Schachtanlage bei Bobrek[1]), unter welchem etwa 10 Jahre zuvor das 80 m tiefer liegende Einsiedelflöz abgebaut war, die Druckverhältnisse sofort, als der Abbau in den Bereich des Eisenbahnsicherheitspfeilers vorschritt, innerhalb dessen das Einsiedelflöz noch nicht abgebaut war. Hier machte sich im Abbau sofort ein sehr starker Abbaudruck bemerkbar.

Der durch Abb. 39 gekennzeichnete Fall eines einheitlichen Druckmaximums im alten Mann ist nur möglich bei einem sehr biegungsfesten Dach, das sich infolge seines hohen Biegungswiderstandes langsamer absenkt als es die darüber liegenden dünnbankigen Deckgebirgsschichten tun würden. Das Deckgebirge senkt sich in solchen Fällen verhältnismäßig geschlossen ab. Dieser Fall tritt auch ein, wenn unter der biegungsfesten, massigen Sandsteinschicht bankige Deckschichten liegen, deren Mächtigkeit eben ausreicht, um bei einem Strebbruchbau den Bruchraum bis zur tragenden Sandsteinschicht aufzufüllen. WINSTANLEY [2]) hat diesen Fall durch seine Druckmessungen im Versatz einwandfrei nachgewiesen (Abb. 40). Es ist einleuchtend, daß in Fällen, in welchen über einer biegungsfesten Sandsteinschicht eine wesentlich biegungsfestere liegt (Abb. 41), wahrscheinlich auch zwei Drucksteigerungen im Versatz auftreten.

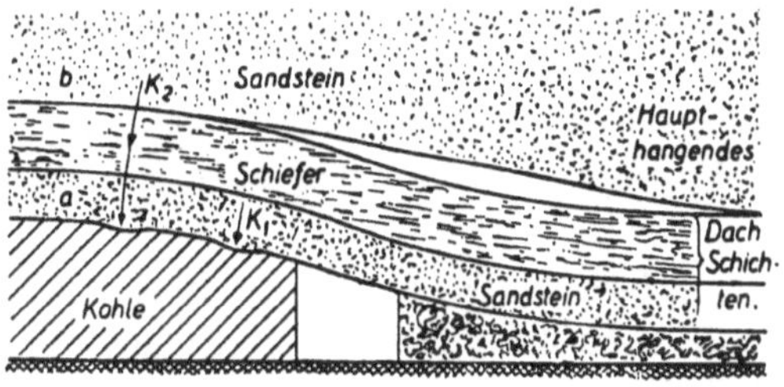

Abb. 41. Wiederholung von Druckspannungsmaxima bei Aufeinanderfolge biegungssteifer Schichten mit nach oben zunehmendem Biegungswiderstand

Bei bankigem Deckgebirge ohne Einlagerung sehr biegungssteifer Schichten oder sehr mächtiger Dachschichten, die aus gleichmäßigen, nicht zu mächtigen Bänken bestehen, ergibt sich infolge der Streuungen der Senkungsvorgänge des sich mehr oder weniger aufblätternden Deckgebirges nach den Veröffentlichungen von MIDDENDORF und JACOBI ein Druckverlauf nach Abb. 31.

Die Tatsache, daß der Druck bei bankigem Deckgebirge selbst in einer Entfernung von 100 m vom Kohlenstoß nur 800 t/m² beträgt, also tief unter dem Druck liegt, der sich aus dem Gewicht des Deckgebirges ergibt, und allmählich weiter steigt, ist ein Beweis dafür, daß es sich um eine biegungsartige Deckgebirgsabsenkung handelt. Ein Druckgewölbe kann hier nicht in Frage kommen. Es handelt sich einfach um das allmähliche Auflegen der aufgelockerten Deckgebirgsschichten, die sich in der Reihenfolge von unten nach oben bei der Absenkung auflockern und in derselben Reihenfolge sich wieder aufeinanderlegen. In den oberen Schichten liegt nur Grobverdichtung und in den unteren vielleicht schon die Feinverdichtung vor. In dem Maße, in welchem die Feinverdichtung nach oben vorschreitet, wächst auch der wirksame statisch meßbare Druck. Im Gebiet der Grobverdichtung wird ein sehr großer Anteil des Druckes zur Formänderung verbraucht.

---

[1]) Glückauf 1935, S. 365—374 und 396—399. ESSER: Die gegenseitige Beeinflussung der oberschlesischen Sattelflöze bei ihrem Abbau.

[2]) Lüttich 1951, S. 203. A. WINSTANLEY: Die Beherrschung des Hangenden im mechanischen Abbau. Abbildung 14.

Anscheinend ergibt die Ausgasung des Hangenden einen Anhaltspunkt über die Wiederverdichtung der Deckgebirgsschichten.

Bekanntlich ist die Ausgasung Methan führender Gebirgsschichten im Senkungsbereich eines Abbaues, also aus dem Auflockerungsgebiet, am stärksten. Auf der Zeche General-Blumenthal bei Recklinghausen hat man sehr erfolgreiche Versuche durchgeführt, das auf diese Weise frei werdende Gas zu fassen und einer wirtschaftlichen Verwendung zuzuführen. In einem Abbau des Flözes Gretchen (hangendstes Flöz der Fettkohlenpartie) hat man von der Kopfstrecke aus Bohrlöcher nach oben durch die unbauwürdigen Flöze Gustav und Katherina gestoßen. Der Abstand der Bohrlöcher beträgt etwa 10—25 m. Sie wurden abwechselnd mit einer Neigung von 80° oder 60° in Richtung auf den Raum oberhalb des Abbaues hochgebohrt. Die Gaslieferung des in der Nähe des Strebes hochgebrachten Bohrloches ist zunächst gering. Die Gaslieferung steigt dann, je weiter sich der Strebstoß infolge des Abbaus vom Bohrloch entfernt und erreicht ein Maximum etwa in einem Abstande von 60—80 m zwischen Bohrloch und Streb. Die Gaslieferung sinkt dann wieder und geht auf die nächsten, näher zum Streb gelegenen Bohrlöcher über. Bei größerem Abstand versiegt die Gaslieferung der Bohrlöcher.

Herr Bergass. Dr. SPRUTH, der Herrn LABASSE und mir in Lüttich entgegnete, daß wir die Gewölbetheorie ablehnen, meinte irrtümlich, daß wir die Druckerscheinungen lediglich durch das Bestehen von überkragenden festen Balken erklären. Er gibt zu, daß Herr LABASSE auch die Vorzerklüftung des Hangenden vor dem Abbau betonte, meint aber, daß bei einer Vorzerklüftung keine überkragenden Balken vorhanden seien, weil sie bereits am Kohlenstoß an den Setzrissen abbrechen. Herr SPRUTH begeht den Irrtum anzunehmen, daß nur eine Schichtenbiegung, die innerhalb der Elastizitätsgrenzen bleibt, für die allgemeine Plattentheorie zutreffend sein könnte. Die Biegung kann wohl zum Bruch führen. Es bleibt trotzdem eine biegungsähnliche Absenkung, solange der *Reibungsschluß* innerhalb des Deckgebirges und die Gegenwirkung des Versatzes und der unteren Dachschichten (vgl. Abb. 20) einen Zerfall und eine völlige Auflösung des Deckgebirges verhindern. Zur Klärung dieser Frage dient die obige allgemeine Ausführung über die gegenseitige Einwirkung von Deckensenkung und Versatzwiderstand.

Diese Betrachtung bedarf zur vollständigen Klärung der Druckvorgänge noch eingehender Ergänzungen. Die folgenden Ausführungen sollen die wichtigsten Fragen behandeln, soweit sie einigermaßen spruchreif sind. Für die systematischen Forschungsarbeiten liegt, wie man erkennen wird, noch sehr viel Stoff vor. Die Arbeit beschränkt sich bewußt auf die Druckvorgänge im einzelnen Flöz in ungestörter flacher Lagerung.

Die Absenkung des Hangenden am Kohlenstoß ist in der Regel mit einer Vorsenkung verbunden, die mehr oder weniger weit über das anstehende Flöz hinausgreift. H. HOFFMANN wies nach, daß im Abbau des Flözes Girondelle eine meßbare Senkung schon 170 m vor dem Kohlenstoß begann, während die stärkste Krümmung etwa 22—25 m vor dem Stoß lag. Für das Flöz Karoline stellte er 40 m, bzw. 4—5 m fest. Im ersten Falle ist der Krümmungsradius sehr groß, während er im zweiten Falle vielleicht $^1/_{10}$ des ersten beträgt.

Es ist einleuchtend, daß diese Vorkrümmung unter sonst gleichen Voraussetzungen bestimmt wird durch das Verhältnis der Druckfestigkeit des Flözes zum Biegungswiderstand des Hangenden. Je größer die Druckfestigkeit des Flözes bei gleichbleibendem Biegungswiderstand des Hangenden wird, um so geringer wird die Breite der vom Druck beeinflußten Randzone des Flözes und umso schärfer muß die Vorsenkung des Hangenden gekrümmt sein. Unterstellt man theoretisch den Fall, daß das Flöz dem Druck überhaupt nicht nachgibt, so muß am Abbaustoß eine ausgesprochene Knickbeanspruchung des Hangenden eintreten. Daraus folgt, daß unter sonst gleichen Voraussetzungen das Hangende um so stärker von den Druckwirkungen beansprucht wird, je härter und fester zugleich das Flöz ist.

Abb. 42. Strebbruchbau im Doggererzgebiet

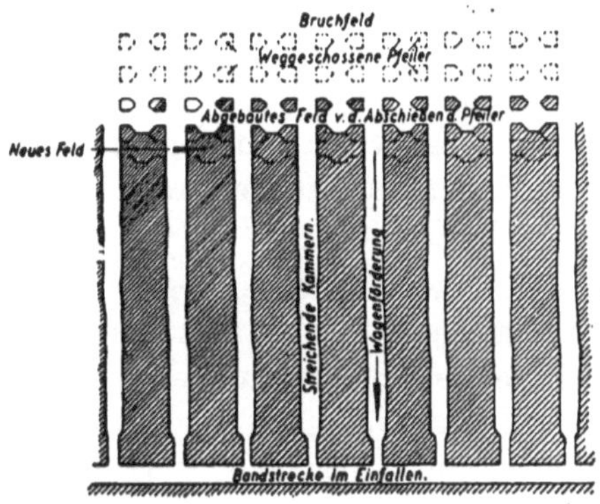

Abb. 43.
Langfrontpfeilerbruchbau im Doggererzgebiet

Um diese ungünstige Beanspruchung des Hangenden zu mindern, muß man mit Hilfe des Ausbaues und des Versatzes die Absenkung überhaupt und damit auch die Vorsenkung möglichst einschränken. In vielen Fällen ist ein gefahrloser Abbau bei sehr festem Flöz und nachgiebigem Hangenden erst möglich durch völlige Verhinderung der Absenkung des Daches über dem Abbauraum. Ein überzeugendes Beispiel ist der Übergang vom Strebbruchbau im Doggererzgebiet zum Langfrontpfeilerbruchbau. Beim Strebbruchbau (Abb. 42) brach die angebaute obere Erzschicht stets infolge Biegungsbruch durch, da der Ausbau erst an einer Stelle eingebaut werden konnte, an welcher bereits eine Absenkung stattgefunden hatte. Bei dem neuen Abbau (Abb. 43) blieben Pfeiler aus Erz gegen den alten Mann stehen und bildeten eine unnachgiebige Unterstützung des Hangenden. Erst nach dem Abbau eines Feldes von etwa 5 m Breite wurden die Pfeiler gesprengt. Der Abbauverlust war rechnerisch zwar größer, jedoch wurde eine sehr hohe Betriebssicherheit erreicht. Auch wurden die Abbauverluste vermieden, die bisher durch vorzeitigen Verbruch des Abbaues entstanden.

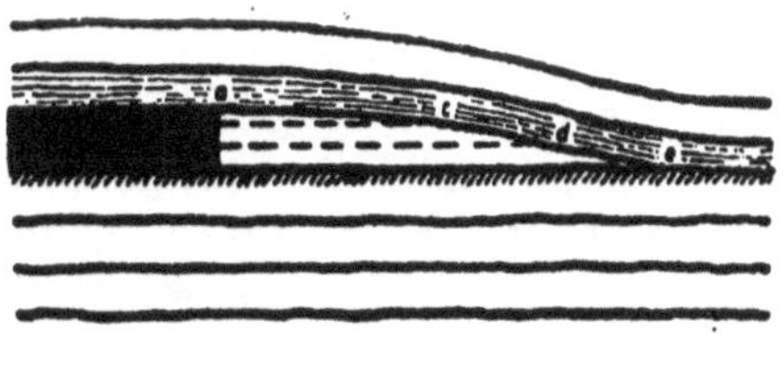
Abb. 44. Beziehung von Hohlraumbreite zur Flözmächtigkeit

Neben der Beschaffenheit des Flözes und des Hangenden ist auch die Flözmächtigkeit für die Biegungsbeanspruchung des Hangenden von Bedeutung. Der Einfluß der Flözmächtigkeit geht aus der Abb. 44 [1]) hervor. Bei gleicher Durchbiegung liegt das Hangende eines dünnen Flözes bei *c*, eines mittleren Flözes bei *d* und eines mächtigen

[1]) Kegel: Bergmännische Gebirgsmechanik, II. Aufl., S. 58, Abb. 46.

Flözes bei *e* auf. Die Spannweite nimmt also mit der Flözmächtigkeit zu und damit auch die Biegungsbeanspruchung. Bei gleicher Flözbeschaffenheit nimmt der Druckwiderstand des Flözes mit zunehmender Mächtigkeit ab.

Die Beschaffenheit des Deckgebirges kann theoretisch zwischen der eines losen Sandes und eines sehr festen massigen Gebirges mit allen Übergängen schwanken. Ein lockersandiges Deckgebirge bricht, wie die Erfahrungen im Braunkohlenbruchbau lehren, im schmalsten Band senkrecht nach oben herein, ohne seitlich anstehende Gebirgsmassen in wesentlichem Umfange mitzunehmen. Sobald aber im Deckgebirge Toneinlagerungen von nicht zu geringer Mächtigkeit vorhanden sind, entstehen Senkungsverzögerungen — der Bruch bleibt oft längere Zeit „hängen" — und die Senkungen greifen durch Seitenverdrängung seitlich über. Während im ersten Falle kein wesentlicher Abbaudruck zu beobachten ist, nimmt er mit der Mächtigkeit des auflagernden Tones erheblich zu.

Im Steinkohlengebirge liegt stets ein festeres Gebirge vor. Jedoch ergeben bruchfeste Dachgebirge, die sich ohne Bruchbildung absenken, stets größere und weiter ausgreifende Druckwirkungen als solche, die mit mehr oder weniger Zerklüftung biegungsartig absinken. Da bei der Absinkung mehr oder weniger zerklüfteter, unter Reibungsschluß absinkender Deckgebirgsmassen eine Auflockerung derselben eintritt, kann eine Phasenverschiebung zwischen den maximalen Senkgeschwindigkeiten der Dachschichten und denen des Haupthangenden eintreten, die besonders deutlich wird, wenn über den Dachschichten zunächst ein biegungssteiferer Schichtenkomplex folgt.

Bestehen die Dachschichten in erheblicher Mächtigkeit aus sehr zerklüfteten, wenig widerstandsfähigen Massen, so kann die Absinkgeschwindigkeit über dem offenen Abbauraum erhebliche Beträge erreichen und zum Setzen des Gebirges führen.

Die Wichtigkeit der Art und der Durchführung des Versatzes ist m. E. in der Literatur nicht eingehend genug gewürdigt worden. Ich hatte bereits ausgeführt, daß ein frisch geschütteter, noch nicht verdichteter, feinkörniger Versatz etwa eine Tragfähigkeit von 2—3 kg/m² haben wird. Das entspricht einer Tragfähigkeit von 20—30 t/m². Die Tragfähigkeit liegt also nicht wesentlich tiefer als die eines normalen Ausbaues des anschließenden offenen Abbauraumes. Eine Bergemauer dürfte bei einigermaßen sorgfältiger Ausführung eine Anfangstragfähigkeit von rd. 25 kg/m² = 250 t/m² haben. Schon dieser Zahlenvergleich zeigt die Weite der Grenzen, in welchen man am Abbauraum die Druckwirkungen beeinflussen kann. Die Bedeutung der Einbringungsweise des Versatzes ergibt sich aus der Feststellung, die H. HOFFMANN bei der Untersuchung eines Hobelstrebes machte[1]). In diesem Abbau wurde der Abbauhohlraum im alten Mann mit Blasversatz ausgefüllt. Infolge der technischen Schwierigkeiten, die sich beim Ausfüllen des Raumes dicht unter der Firste ergaben, blieb an der Versatzkante ein leerer Raum von 17 cm Höhe.

Das Flöz war am Kohlenstoß etwa 40 mm zusammengedrückt. Über dem 4,20 m breiten, offenen Abbauraum senkte sich das Hangende um weitere 190 mm, insgesamt also an der Versatzkante um 230 mm. Infolge der erforderlichen weiteren Absenkung des Hangenden um 170 mm legt es sich erst rd. 6 m hinter dem Versatzstoß bzw. 10 m hinter dem Kohlenstoß auf den Versatz auf. Erst an dieser Stelle beginnt der Versatz

[1]) Bergbau-Archiv, Bd. 5/6. Dr. Ing. H. HOFFMANN: Gebirgsdynamische Messungsergebnisse in einem Hobelstreb.

zu tragen. „Die Spannweite des Hangenden zwischen dem Auflager im Flöz und im Versatz beträgt demnach mehr als 10 m. Hiervon sind nur 2,80 m vom Stempelausbau abgestützt, also nicht einmal 30%."

Es ist selbstverständlich, daß das Hangende bei dieser Art von Versatz sehr ungünstig beansprucht wird, insbesondere wenn es sich um schnell nachsinkendes Gebirgsmaterial handelt. Abhilfe läßt sich m. E. hier nur durch Unterstopfen des Versatzes schaffen. Diese Arbeit dürfte sich leicht mechanisieren lassen.

Für die Widerstandsfähigkeit des Versatzrandes gegen seitliches Herauspressen durch den Auflagedruck ist der Widerstandsbeiwert des Versatzmaterials wichtig (s. Abb. 27, S. 45). Nach der Gleichung

$$L = \frac{m \cdot \sqrt[4]{p}}{w}$$

ergibt sich für eine Mächtigkeit $m = 1{,}0$ m und einen Widerstandsbeiwert von $w = 0{,}2$, sowie für einen Druck von 150 kg/cm² ein Bremsweg von

$$L = \frac{100 \cdot \sqrt[4]{150}}{0{,}2} = \frac{100 \cdot 3{,}19}{0{,}2} = 15{,}95 \text{ m.}$$

Liegt also ein Druck von 150 kg/cm² näher als 16,0 m am Versatzrande, so wird der Versatz so lange herausgepreßt, bis sich eine geringere Mächtigkeit m ergibt, bei welcher wieder ein Ausgleich stattfindet. Der Widerstandsbeiwert w dürfte für die einzelnen Versatzarten sehr verschieden sein.

Wie beim Stempelausbau ist auch beim Versatz der zur Aufnahme des Hangenddruckes erforderliche Einsinkweg von Bedeutung. Zu diesem Einsinkweg gehört auch die beim Einbringen des Versatzes zwischen diesem und der First offen bleibende Lücke. Zum anderen kommt die mit der Zusammenpressung erforderliche Schichthöhenminderung des Versatzes in Frage, die erforderlich ist, um den Hangenddruck aufnehmen zu können. Zur Aufnahme einer bestimmten Druckzunahme muß der Versatz eine entsprechende Verdichtung erfahren. Nimmt man an, daß für diesen Zweck eine Höhenminderung von zunächst 10% erforderlich ist, so ergibt sich eine mit der ursprünglichen Höhe des Versatzstoßes zunehmende Höhenminderung, die am Versatzrande bei sehr lose liegendem Versatz von geringer Anfangstragfähigkeit, großer Flözmächtigkeit und hohem Hangenddruck, wie er bei kurzbrüchigem Gebirge meist eintritt, sehr hohe und daher schädlich wirkende Einsinkwege des Versatzes bis zur erforderlichen Tragfähigkeit zur Folge hat. In solchen Fällen kann das Einstampfen des Versatzes und bei Fremdversatz die Wahl eines möglichst geeigneten Materials sehr zweckmäßig sein, um einen Versatz von höherer Anfangstragfähigkeit zu erhalten, der den Druck ohne oder doch mit nur geringer Höhenminderung aufnehmen kann.

Es ist die Frage aufgeworfen worden, ob Stempel mit hoher Anfangs- und Endtragfähigkeit verwendet werden sollen.

Die Antwort auf diese Frage kann nur lauten, daß die Maßnahmen so getroffen werden müssen, daß jede Knickung und sprunghafte starke Belastungsänderung der Dachschichten vermieden werden muß (Abb. 45). Daraus folgt, daß nicht nur die Tragfähigkeit des Stempelausbaues, sondern auch die des anschließenden Versatzstreifens in Rechnung zu ziehen ist. Zugleich ist auch die Rückwirkung des Versatzes auf die

Vorabsenkung zu beachten. Auch N. E. WEBSTER[1]) fordert neben einer starren Strebabstützung einen unmittelbar folgenden festen und dichten Versatz. Dabei ist aber angenommen, daß der Versatz sofort am Rande schon tragen kann. Tatsächlich liegt aber, wie H. HOFFMANN feststellte, bei Blasversatz das Hangende erst rd. 6 m hinter dem Versatzrande auf. Am Versatzrande klafft eine Lücke von etwa 17 cm Höhe. Auch bei normalem Handversatz bleibt in der Regel noch eine Lücke von 5—10 cm, so daß das Hangende sich erst etwa 2—3 m hinter dem Versatzrande auflegen kann.

Die Senkungsgeschwindigkeit, wie sie H. HOFFMANN für ein bruchgefährdetes Gebirge angibt, hat ihr Maximum bereits etwa 3 m hinter dem Kohlenstoß (Abb. 26 Mitte). Es ist klar, daß die Zunahme der Senkungsgeschwindigkeit des Hangenden um so schneller erfolgen umß, je brüchiger es ist. Damit rückt das Maximum der Senkgeschwindigkeit näher an den Kohlenstoß. Im Beispiel Hoffmann liegt es über dem Abbauhohlraum und führt unweigerlich zum Zusammenbruch, da die Stempelbelastung weit über 100 t wächst, wenn die Rißbildungen über dem Dach entsprechende Massen lösen.

Die Bruchgefahr eines brüchigen, bankigen Gebirges tritt erfahrungsgemäß erst ein, wenn die untersten Schichten durchbrochen und zerklüftet sind und sich schnell absenken können. Es sind daher besonders die Maßnahmen wichtig, welche geeignet sind, den Zusammenhang der untersten Schichten zu erhalten.

Die wichtigsten Maßnahmen sind die Einschränkung der Absenkung durch geeigneten Versatz und die Erhaltung der Schichtenfestigkeit durch geeigneten Ausbau.

Bergemauern können wahrscheinlich etwa 20—25 kg/cm² = 200—250 t/m² Druck aufnehmen. Aber man wird im Abbau mit senkungsgefährdetem Hangenden meist kein geeignetes Material zur Verfügung haben. Dagegen kann man mit dem zur Verfügung stehenden Material durch Einstampfen eine Anfangstragfähigkeit des Versatzes von 40—60 t/m² wahrscheinlich sicher erreichen. Einstampfvorrichtungen verschiedener Art habe ich schon vor 1910 auf einigen rheinisch-westfälischen Zechen mit gutem Erfolg arbeiten sehen.

WINSTANLEY betont ebenfalls die Wichtigkeit der guten Unterstützung der Dachschichten, indem er sagte: „Ich halte die Schonung der Gesteinskohäsion und der Dachschichten gradezu für den Ausgangspunkt aller Druck- und Bewegungskontrolle des Hangenden im modernen Strebbau vom Abbauraum bis zur Tagesoberfläche.“ (Lüttich 1951. S. 206/207.)

Aus dieser Überlegung ergibt sich, daß der Stempelausbau an beiden Seiten — der Kohlenstoß- und der Versatzseite — den gegebenen Unterstützungen so angepaßt werden muß, daß keine starken Wechsel in der Biegungsbeanspruchung entstehen.

Aus den vorangehenden Betrachtungen folgt, daß sehr hohe statische Tragfähigkeiten der Stempel keinesfalls vorteilhaft sind. Für biegungsfestes, elastisches Dachgebirge sind zu hohe Tragfähigkeiten überflüssig und vergrößern beim Rauben die Steinfallgefahr. Bei mittelfestem und weichem, brüchigem Dachgebirge ist die Stempeltragfähigkeit der Druck- und Abscherfestigkeit des Daches anzupassen, um Pfahlwirkungen bzw. Abscherungen zu vermeiden. Wesentlich ist hier vor allem eine ausge-

[1]) Lüttich 1951, S. 234. N. E. WEBSTER: Beobachtungen über die praktische Anwendung der Hangendpflege.

glichene Druckaufnahme der Stempel. L. BRISON und R. JACQUEMIN[1]) weisen darauf hin, daß die Stempel mit ausreichender Vorspannung eingesetzt werden müssen. Stempel mit 2—4 t Vorspannung zeigten eine ausgeglichenere Druckaufnahme als Stempel, die ohne Vorspannung gesetzt wurden. Letztere nahmen in den ersten 24 Stunden wenig Druck auf, danach erfolgte ein jäher Druckanstieg.

KUHN[2]) tritt für eine hohe Anfangstragfähigleit von 10 t ein und verlangt für die Beherrschung des Hangenden eine Tragfähigkeit von 25—30 t. Die volle Tragfähigkeit soll bei einem Einsinkweg von 10 mm erreicht werden. Die Kennlinie soll ruhig, ohne Schwankungen, als waagerechte Gerade verlaufen.

Die Forderungen von KUHN dürften den Verhältnissen des deutschen Steinkohlenbergbaues gut angepaßt sein. WINSTANLEY schlägt eine Tragfähigkeit der Stempel von 15—20 t vor, um die Aufblätterung der Dachschichten zu verhüten. Diese Höchstbelastung dürfte bei weicherem Hangenden zweckmäßiger sein. Bei einem spez. Gewicht der Gebirgsmassen von etwa 2,5 entsprechen 15 t einer Schichtenmächtigkeit von 6,0 m. WINSTANLEY weist ganz richtig darauf hin, daß die Dachschichten, auch wenn sie schon von einer feinen Vorzerklüftung betroffen sind, gleichwohl noch eine erhebliche Eigentragfähigkeit und auch Tragfähigkeit gegenüber den oberen Schichten haben. Die Aufgabe des Ausbaues ist die Schonung dieser Gesteinskohäsion, die den Ausgangspunkt der Druck- und Bewegungskontrolle im modernen Strebbau bildet. Zu dieser Schonung bedarf es nicht nur eines einwandfreien, der Dachfestigkeit angepaßten Ausbaues, sondern auch eines Versatzes, der unmittelbar am Rande des Abbauraumes eine um so größere Anfangstragfähigkeit haben muß, je brüchiger das Hangende ist. Man muß bedenken, daß ein großer Einsinkweg des Hangenden am Versatzrande auch Lockerungen in den Dachschichten hervorruft, die um so ungünstiger wirken, je kurzbrüchiger diese sind. Ich hatte bereits darauf hingewiesen, daß Sand im Hangenden eines Braunkohlenbruches nach dem Werfen desselben schlotartig zu Tage nachbricht, ohne von den Seiten nennenswerte Gebirgsmassen mitzunehmen. Auch bei kurzbrüchigem Hangenden ist zunächst die Breite der nachsinkenden Zone schmal, dafür aber die Verschiebung gegen die benachbarte Gebirgsmasse groß, d. h., damit auch die Zerreißung derselben. Da diese Zerklüftungszone der Absenkböschung des Deckgebirges folgen muß, wird das Dachgebirge über dem Abbauhohlraum entsprechend zerklüftet. Außerdem ist hier das Dachgebirge in lebhafter Bewegung, die ebenfalls eine weitere Zerrüttung begünstigt. Daraus folgt, daß bei sehr brüchigem Dach der Versatz mit besonderer Sorgfalt durchgeführt werden muß, namentlich wenn die Mächtigkeit dieser Dachschichten erheblich ist.

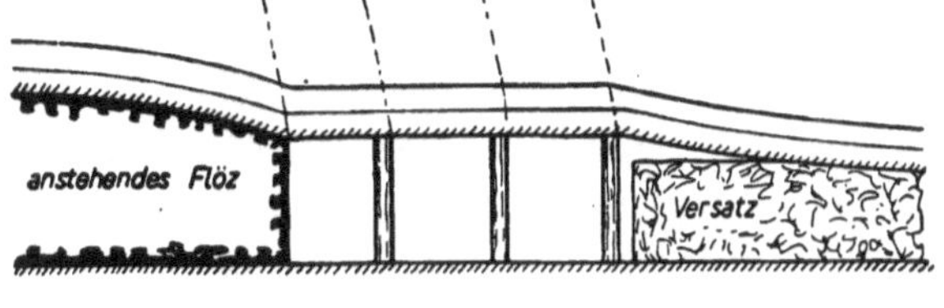

Abb. 45. Bruchbildungen bei brüchigem Dach und schlechtem Versatz

[1]) Lüttich, B. 3, S. 186. L. BRISON u. R. JACQUEMIN: Beitrag zur Klärung der Beanspruchungen des Strebbaues.

[2]) Lüttich D 1, S. 278. O. KUHN: Die Entwicklungsrichtung des Strebausbaues nach den neueren Betriebserfahrungen und Forschungsergebnissen.

Bei sehr schwierigen Dachverhältnissen ist es in der Regel ratsam, die Breite der offenen Abbauräume möglichst herabzusetzen. Würde man die maximale Breite des Abbauraumes in dem von HOFFMANN angegebenen Beispiel eines senkungsgefährdeten Flözes von 4,50 m auf 3,0 m herabsetzen, so würde das Hangende an der Versatzkante nur rd. 200 mm abgesunken sein. Es könnten also je m² Fläche rd. 0,1 m³ Versatzberge mehr untergebracht werden. Damit würde aber nicht nur die Gesamtsenkung, sondern auch die Vorsenkung und die Biegungsbeanspruchung wesentlich gemindert.

Die verschiedenartige Absenkungsgeschwindigkeit der Dachschichten und des langsamer nachsinkenden, von einer biegungssteiferen Schicht unterlagerten Haupthangenden muß zu einer vorübergehenden Ablösung der Dachschichten führen, so daß sich gegebenenfalls zwischen dieser und dem Haupthangenden ein niedriger, verhältnismäßig breiter Hohlraum (WEBERscher Hohlraum) bildet (Abb. 46). Es ist nicht unbedingt notwendig, daß ein klar erkennbarer Hohlraum entsteht. Der gleiche Erfolg wird auch erreicht, wenn sich die Dachschichten entsprechend auflockern. (Vgl. Lüttich 1951, S. 43. Abb. 13)

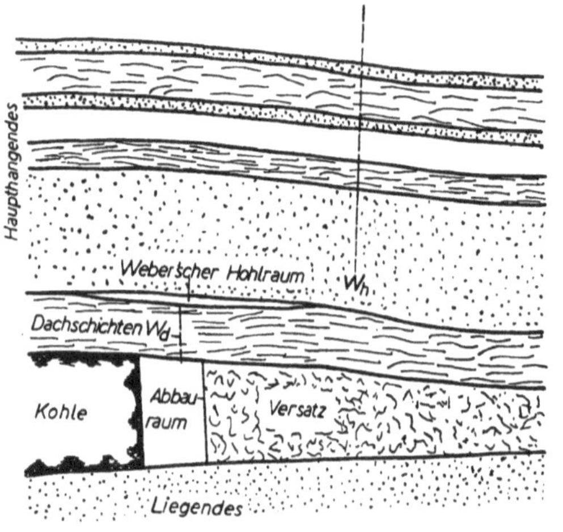

Abb. 46.

Innerhalb des Bereiches des Hohlraumes bzw. der Auflockerung biegen sich die Dachschichten und das Haupthangende selbständig voneinander durch. Deutlich ist in Abb. 46 eine Trennung der Wendepunkte W_d, der Biegung der Dachschichten und W_h, der des Haupthangenden zu erkennen. Während der Wendepunkt der Dachschichten W_d nur etwa 2—6 m vom Kohlenstoß entfernt ist, liegt der Wendepunkt des Haupthangenden etwa 10-40 m entfernt im Gebiet des alten Mannes (über dem Versatz).

Die Lage des Wendepunktes der Dachschichten wird erheblich durch die Tragfähigkeit des Versatzes und die Mächtigkeit der Dachschichten bestimmt. Haben die Dachschichten keine größere Mächtigkeit als etwa 10—12 m, so beträgt ihr Höchstdruck unterhalb des WEBERschen Hohlraumes 25—30 t/m², ein Druck, der vom Versatz gut aufgenommen werden kann. In diesem recht häufigen Falle liegt der Wendepunkt (Abb. 46 u. 47) der Dachschichten nur etwa 2—3 m vom Kohlenstoß entfernt. Die Senkungsgeschwindigkeit der Dachschichten nimmt daher zwischen dem Wendepunkt und dem Versatzstoß ab. Darauf ist die Erfahrungstatsache zurückzuführen, daß die Druckbelastung der Stempel, wie auch die von F. SPRUTH[1]) veröffentlichten Messungen zeigen, in vielen Fällen bis etwa 3 m Abstand vom Kohlenstoß deutlich zunimmt, aber dann wieder abfällt. Die gleiche Druckschwankung wird in diesem Falle auch bei der Messung der Stempelbelastung festgestellt (Abb. 47).

SPRUTH zieht daraus die Folgerung, daß die Druckverteilung im Abbauraum gegebenenfalls ein kleines Maximum aufweisen kann (Abb. 48). Die hier gegebene Erklärung der Ursachen geht allerdings von der allgemeinen, oben gekennzeichneten Platten- bzw. Schichtenabsenkungstheorie und nicht von der Gewölbetheorie aus.

[1]) Lüttich a. a. O. S. 37—(43) 45.

Eine besondere Art des Strebbaues ist der Strebbruchbau, der ohne Fremdversatz durchgeführt wird. Man läßt das Dachgebirge unmittelbar neben dem offen zu haltenden Abbauraum an einer festen Ausbaukante (Reihenstempel oder Bergekästen) hereinbrechen (Abb. 49). Der hier in Frage kommende Nachbruch soll in solcher Höhe schnell

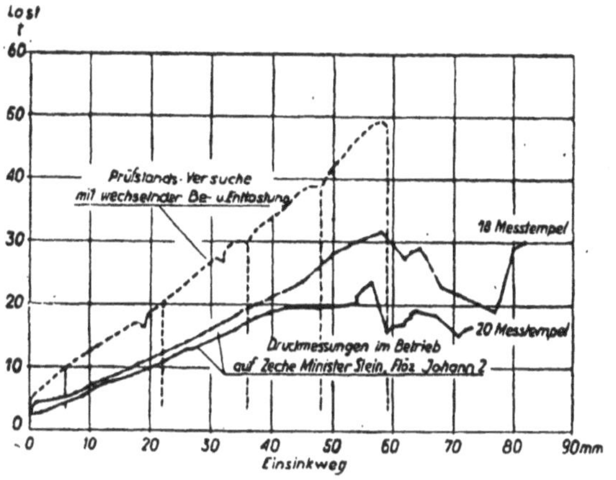

Abb. 47. Kennlinien auf dem Prüfstand und im Streb

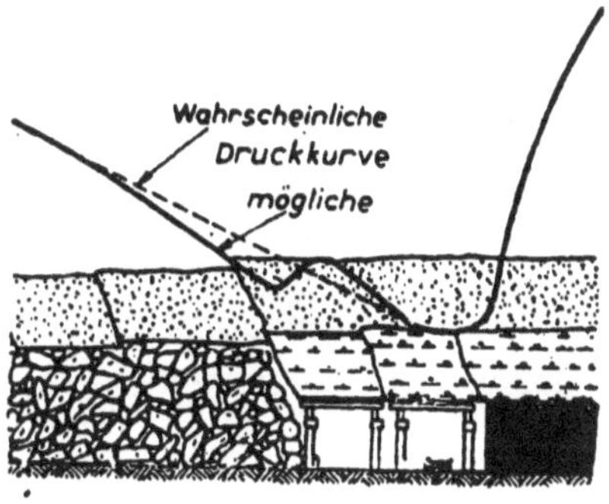

Abb. 48. Mögliche und wahrscheinliche Druckverteilung im Streb (SPRUTH)

nachbrechen können, daß er das noch unzerbrochene, höher liegende Haupthangende infolge seiner Auflockerung erreicht und für diesen den Versatz ersetzt.

Die erforderliche Mindestmächtigkeit des Dachgebirges ergibt sich aus der Gleichung $x + h = h \cdot s$, woraus sich ergibt

$$h = \frac{x}{s - 1}.$$

Hierbei sind x = Flözmächtigkeit,
h = Dachgebirgsmächtigkeit,
s = Auflockerungsfaktor (Schüttung) der Dachgebirgsmassen.

Bei bestimmter Flözmächtigkeit, die man gegebenenfalls um die Vorsenkungshöhe vermindern kann, hängt die erforderliche Nachbruchhöhe h von der Schüttung s des Nebenbruches ab. Bei einer Schüttung 1,1 ist die Nachbruchhöhe

$$h = \frac{x}{1{,}1 - 1} = 10\,x.$$

Die erforderliche Nachbruchhöhe beträgt für $s = 1{,}2$ rd. $5 \cdot x$ und für $s = 1{,}33$ rd. $3 \cdot x$. Größere Schüttungszahlen werden in dem mehr oder weniger plattig und feinkörnig anfallenden Nachbruch eines mürben Dachgebirges nicht in Frage kommen.

Ist die Höhe des Nachbruches zu gering, so werden die Seitendruckwirkungen (Abb. 49a, Pfeil zwischen B und A) nicht aufgefangen und üben eine abschiebende Wirkung auf das Dach aus. Außerdem ist der verbleibende Hohlraum wesentlich breiter als bei höherem Nachbruch. Es kann sogar der Fall eintreten, daß sich das Haupthangende erst in größerer Entfernung von der Bruchkante auf den Nachbruch auflegt. Die Druckwirkungen sind in diesem Falle erheblich, so daß sich das Dach an der Bruchkante um wesentlich mehr als etwa 150 mm absenkt. Ferner ist in diesen Fällen mit der Gefahr der Periodenbrüche (Hangendschläge) zu rechnen.

Die Gefahr der Periodenbrüche besteht auch, wenn die Dachberge zu fest sind und schwer nachbrechen. In diesem Falle ist die Senkung des Daches an der Bruchkante zu gering. A. PRÈAT[1]) beobachtete in solchen Fällen eine Absenkung des Daches in 3 m Abstand vom Kohlenstoß von nicht ganz 20 mm. Eine Hilfe läßt sich in diesem Falle mitunter durch Niederbrechen der Dachberge mittels Schießarbeit (Cardox) erreichen. In der Regel ist in solchen Fällen der Strebbau mit Versatz angebracht. Die Druckäußerungen im Strebbruchbau sind denen des Versatzbaues ähnlich. L. BRISON und R. JACQUEMIN[2]) weisen darauf hin, daß die Belastungsspitze des versatzseitigen Stempels steil emporschnellt gegen Ende der letzten von ihm „erlebten" Gewinnungsschicht, und zwar zeitlich genau mit Wegnahme des benachbarte Hauer trennenden Knappes übereinstimmend. Nach dieser Spitze nimmt die Belastung rasch ab bis zum Rauben. Also auch hier ist ein Belastungsmaximum der Stempelreihe festgestellt, die etwa $^2/_3$ in Abstand der Breite des Abbauortes vom Kohlenstoß entfernt steht. Offenbar ist diese Erscheinung hier darauf zurückzuführen, daß die Dachgebirgsschichten an der Bruchfläche dem Druck seitlich zum alten Mann (Querdruckwirkung) verhältnismäßig leicht ausweichen können. Dem mit dieser Formänderung verbundenen Arbeitsaufwand entspricht die Druckminderung der Stempelbelastung.

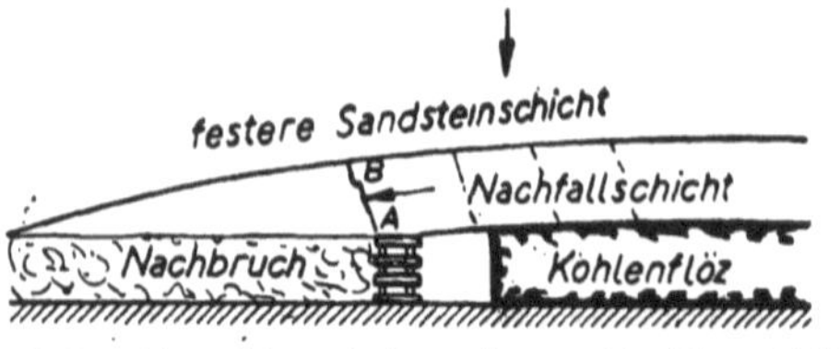

a) Strebbruchbau bei geringer Nachbruchhöhe

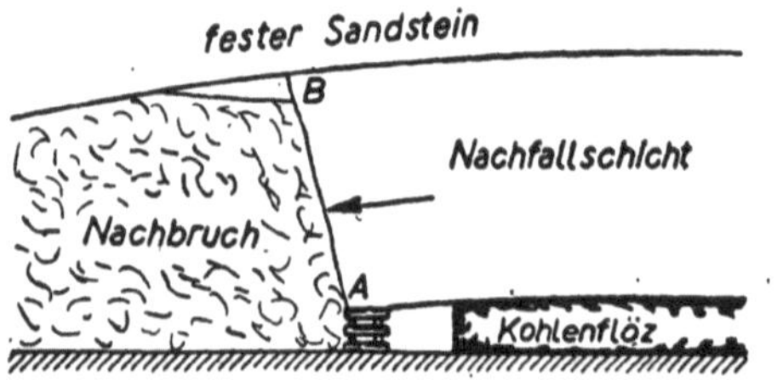

b) Strebbruchbau bei genügender Nachbruchhöhe

Abb. 49

Damit hängt zweifellos auch die Beobachtung zusammen, daß beim Rauben der versatzseitigen Stempel die benachbarte Stempelreihe jedesmal schwach entlastet wird. Natürlich ist vorausgesetzt, daß der seiner Unterstützung beraubte Dachstreifen alsbald hereinbricht.

Nachträglich gestellte Reihen- und Mittelstempel wirken weder bei der Druckverteilung noch bei der Entlastung der Hauptstempel mit. Verzögerungen des Betriebsablaufes erzeugen starke Überlastungen der Stempel.

Der von WINSTANLEY im Gebiete des alten Mannes festgestellte Druckverlauf (Abb. 40) ist in einem Strebbau mit Bruchversatz, also in einem Strebbruchbau gemessen worden.

Treten im Deckgebirge keine festen Schichtenglieder auf, die als Grundlage des Haupthangenden dienen können, so ist natürlich kein ausgeprägtes Haupthangendes vorhanden. Dachschichten und Haupthangendes gehen allmählich ineinander über. Immerhin ist zu beachten, daß die Auflockerung der Dachschichten nach oben in dem Maße abnimmt, in welchem der zur Auflockerung verfügbar bleibende Raum abnimmt.

Der bei der Absenkung des Deckgebirges entstehende Druckverlauf entspricht dann der Abb. 21.

[1]) Lüttich 1951 C 5, S. 250/263 (258). A. PREAT: Vergleichende Studie überMethoden des Strebausbaues

[2]) Lüttich 1951 B 3, S. 186/193 (188). L. BRISON und R. JACQUEMIN: Beitrag zur Klärung der Beanspruchungen des Strebausbaues.

III. Untersuchungen über die zweckmäßigste Abmessung und Anordnung der Bergfesten im Kalisalzbergbau

In der Zeitschrift „Bergbau und Energie“ 1949, Bd. 2, S. 42 flgd. habe ich unter der gleichen Überschrift diese hiermit aufgeworfene Frage behandelt und auf Grund rechnerischer Überlegungen den Schluß gezogen, daß der Abbau von Kalisalzlagerstätten so zu gestalten ist, daß bei möglichst *massigen* Pfeilern möglichst schmale Abbaukammern ohne Erhöhung der Abbauverluste entstehen. Ich wies darauf hin, daß bei lang gestreckten Pfeilern auch dann, wenn die quer zu diesen Pfeilern verlaufenden Bergfesten, in denen die Förderstrecken liegen, unberücksichtigt bleiben, die Pfeilerbreite gleich der Kammerbreite sein muß, sofern der Abbauverlust 50% betragen bzw. nicht überschreiten soll. Berücksichtigt man die zur Aufnahme der Förderstrecken unbedingt notwendigen Querpfeiler, so müssen die Längspfeiler, welche die Kammern trennen, wesentlich schmäler als die letzteren sein. Der Abstand der Querpfeiler bestimmt die Länge der Kammern und schwankt etwa zwischen 100 und 200 m (Abb. 50 u. 52).

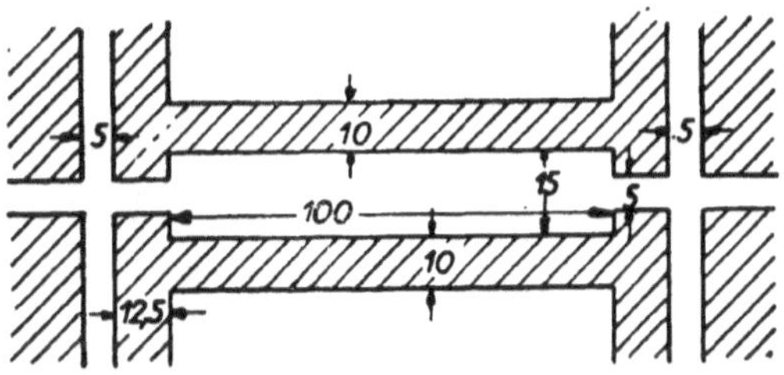

Abb. 50. Kammerbau mit langgestreckten Pfeilern

Ich schlug vor, Pfeiler mit quadratischem oder regulär sechseckigem Querschnitt zu verwenden.

Der Sinn des Vorschlages besteht darin, das in den Tragpfeilern entstehende Druckspannungsgefälle möglichst unschädlich zu gestalten.

Für die Berechnung der Tragfähigkeit von Gebirgspfeilern habe ich durch entsprechende Auswertung der von STAMATIU[1]) ausgeführten Versuche die Gleichung aufgestellt

$$y = (c + b \cdot d) \sqrt{\frac{d}{h}}.$$

Hierbei bedeuten für Körper mit quadratischem Querschnitt

y = spez. Tragkraft des Körpers in kg/cm² (y_m = Bruchlast)
d = Kantenlänge der Grundfläche in cm
c = Materialbelastungsbeiwert in kg/cm²
b = Materialfaktor
(b_m = Maximalwert von b bei Bruchlast)

[1]) STAMATIU: Beiträge zur Klärung einiger Abbauprobleme bei den rumänischen Salzgruben. Habilschrift. Freiberg/Sachs. 1936.

TAFEL I

TABELLE 13. Die Druckfestigkeit des Steinsalzes von *Slămic* in

Höhe der Proben	WEISSES STEINSALZ Querschnitt in cm²				GESTREIFTES Querschnitt	
	5 × 5	10 × 10	15 × 15	20 × 20	5 × 5	10 × 10
5 cm	295 kg/cm²	610 kg/cm²	715 kg/cm²	770 kg/cm²	254 kg/cm²	537 kg/cm²
10 „	198 „	415 „	485 „	530 „	219 „	383 „
15 „	187 „	318 „	420 „	510 „	160 „	283 „
20 „	175 „	252 „	360 „	450 „	112 „	232 „

TABELLE 14. Die Druckfestigkeit des Steinsalzes von *Uioara* in

Höhe der Proben	WEISSES STEINSALZ Querschnitt in cm²				GESTREIFTES Querschnitt	
	5 × 5	10 × 10	15 × 15	20 × 20	5 × 5	10 × 10
5 cm	266 kg/cm²	443 kg/cm²	603 kg/cm²	660 kg/cm²	275 kg/cm²	613 kg/cm²
10 „	163 „	298 „	480 „	509 „	183 „	360 „
15 „	159 „	265 „	347 „	415 „	171 „	295 „
20 „	153 „	228 „	337 „	396 „	132 „	181 „

TABELLE 15. Die Druckfestigkeit des Steinsalzes von *Târgul-Ocna* in

Höhe der Proben	WEISSES STEINSALZ Querschnitt in cm²				GESTREIFTES Querschnitt	
	5 × 5	10 × 10	15 × 15	20 × 20	5 × 5	10 × 10
5 cm	249 kg/cm²	445 kg/cm²	642 kg/cm²	660 kg/cm²	221 kg/cm²	426 kg/cm²
10 „	151 „	287 „	410 „	514 „	177 „	324 „
15 „	136 „	187 „	308 „	408 „	151 „	240 „
20 „	103 „	171 „	296 „	323 „	121 „	200 „

TABELLE 16. Die Druckfestigkeit des Steinsalzes von *Ocna Dej* in

Höhe der Proben	WEISSES STEINSALZ Querschnitt in cm²				GESTREIFTES Querschnitt	
	5 × 5	10 × 10	15 × 15	20 × 20	5 × 5	10 × 10
5 cm	219 kg/cm²	525 kg/cm²	570 kg/cm²	698 kg/cm²	245 kg/cm²	577 kg/cm²
10 „	100 „	305 „	438 „	570 „	150 „	275 „
15 „	77 „	232 „	320 „	410 „	135 „	243 „
20 „	63 „	157 „	280 „	340 „	93 „	140 „

TABELLE 17. Die Druckfestigkeit des Steinsalzes von *Ocna Sugatag* in

Höhe der Proben	WEISSES STEINSALZ Querschnitt in cm²				GESTREIFTES Querschnitt	
	5 × 5	10 × 10	15 × 15	20 × 20	5 × 5	10 × 10
5 cm	190 kg/cm²	456 kg/cm²	625 kg/cm²	670 kg/cm²	236 kg/cm²	542 kg/cm²
10 „	103 „	216 „	400 „	470 „	135 „	307 „
15 „	92 „	190 „	273 „	340 „	118 „	183 „
20 „	52 „	97 „	175 „	800[1] „	63 „	84 „

[1] In der Druckschrift liegt hier offenbar ein Druckfehler vor. Statt 800 kg/cm² soll es jedenfalls den sonstigen

Abhängigkeit von der Salzqualität und den Abmessungen der Prüfstücke

STEINSALZ in cm²		DUNKELGRAUES STEINSALZ Querschnitt in cm²			
15 × 15	20 × 20	5 × 5	10 × 10	15 × 15	20 × 20
725 kg/cm²	800 kg/cm²	342 kg/cm²	630 kg/cm²	740 kg/cm²	835 kg/cm²
455 ,,	555 ,,	272 ,,	430 ,,	535 ,,	650 ,,
390 ,,	485 ,,	235 ,,	377 ,,	435 ,,	490 ,,
314 ,,	460 ,,	178 ,,	362 ,,	365 ,,	470 ,,

Abhängigkeit von der Salzqualität und den Abmessungen der Prüfstücke

STEINSALZ in cm²		DUNKELGRAUES STEINSALZ Querschnitt in cm²			
15 × 15	20 × 20	5 × 5	10 × 10	15 × 15	20 × 20
683 kg/cm²	680 kg/cm²	317 kg/cm²	603 kg/cm²	685 kg/cm²	698 kg/cm²
470 ,,	528 ,,	177 ,,	322 ,,	444 ,,	538 ,,
367 ,,	433 ,,	167 ,,	295 ,,	375 ,,	396 ,,
333 ,,	413 ,,	164 ,,	163 ,,	326 ,,	377 ,,

Abhängigkeit von der Salzqualität und den Abmessungen der Prüfstücke

STEINSALZ in cm²		DUNKELGRAUES STEINSALZ Querschnitt in cm²			
15 × 15	20 × 20	5 × 5	10 × 10	15 × 15	20 × 20
703 kg/cm²	705 kg/cm²	210 kg/cm²	469 kg/cm²	723 kg/cm²	725 kg/cm²
404 ,,	518 ,,	204 ,,	328 ,,	450 ,,	509 ,,
344 ,,	429 ,,	147 ,,	229 ,,	331 ,,	405 ,,
283 ,,	350 ,,	116 ,,	180 ,,	293 ,,	340 ,,

Abhängigkeit von der Salzqualität und den Abmessungen der Prüfstücke

STEINSALZ in cm²		DUNKELGRAUES STEINSALZ Querschnitt in cm²			
15 × 15	20 × 20	5 × 5	10 × 10	15 × 15	20 × 20
645 kg/cm²	710 kg/cm²	—	—	—	—
440 ,,	570 ,,	—	—	—	—
320 ,,	430 ,,	—	—	—	—
305 ,,	390 ,,	—	—	—	—

Abhängigkeit von der Salzqualität und den Abmessungen der Prüfstücke

STEINSALZ in cm²		DUNKELGRAUES STEINSALZ Querschnitt in cm²			
15 × 15	20 × 20	5 × 5	10 × 10	15 × 15	20 × 20
680 kg/cm²	707 kg/cm²	260 kg/cm²	513 kg/cm²	770 kg/cm²	880 kg/cm²
425 ,,	518 ,,	207 ,,	263 ,,	405 ,,	660 ,,
314 ,,	509 ,,	156 ,,	214 ,,	298 ,,	520 ,,
214 ,,	380 ,,	145 ,,	111 ,,	205 ,,	400 ,,

300 kg/cm² heißen. Die plötzliche Erhöhung der Druckfestigkeit mit zunehmender Höhe widerspricht Erfahrungen.

b und c sind durch die Materialbeschaffenheit *und* durch die Körperform bestimmt. Die Gleichung ist gültig für rechtwinklige Prismen, bei denen $h < 5d$ ist (Tafel I).

BAUSCHINGER[1]) stellte auf Grund eigener Versuche und derjenigen anderer für die Druckfestigkeit die Gleichung

$$K = (\alpha + \beta \frac{\sqrt{f}}{h}) \sqrt{\frac{\sqrt{f}}{\frac{u}{4}}}$$

auf, gültig für Prismen, bei denen

$$h < 5a, \text{ sofern } a^2 = f \text{ also } a = \sqrt{f} \text{ ist.}$$

In meinen Gleichungen ist a mit d bezeichnet.

Unterstellt man ein *Würfelprisma*, so ist die Gleichung BAUSCHINGERS der meinen fast identisch. Da $\sqrt{f} = d$ ist und in meiner Gleichung α mit c, sowie β mit b bezeichnet werden, so würde die Gleichung BAUSCHINGERS lauten:

$$K = (c + \frac{b}{h} \cdot d) \sqrt{\frac{d}{\frac{u}{4}}}.$$

Da $\frac{u}{4}$ im Würfel gleich d bzw. h ist, ergibt sich

$$K = (c + \frac{b}{h} \cdot d) \sqrt{\frac{d}{h}}.$$

BAUSCHINGER setzt h als Nenner sowohl in den Summanden $\frac{b}{h} \cdot d$ der Summe $c + \frac{b}{h} \cdot d$ als auch nicht eindeutig in den Wurzelwert $\sqrt{\frac{d}{\frac{u}{4}}}$ ein. Ich habe durch Auswertung der Versuche von STAMATIU, wie die Abb. 51 zeigt, nachgewiesen, daß der Wert $\sqrt{\frac{d}{h}}$ als Faktor der Summe $c + b \cdot d$ einwandfreie Werte liefert (KEGEL, Bergmännische Gebirgsmechanik, II. Aufl,. S. 36, Abb. 22).

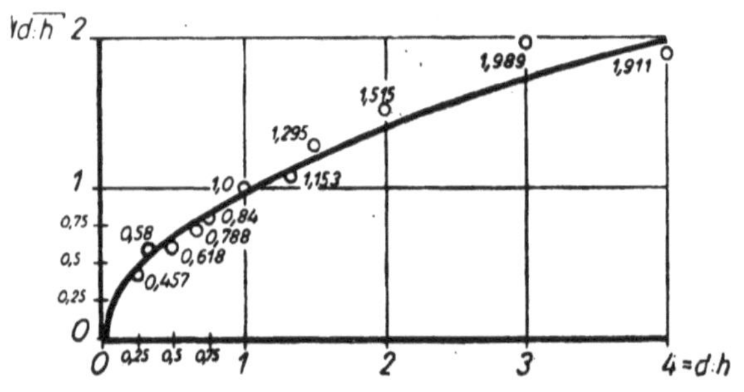

d:h	0,250	0,333	0,500	0,667	0,750	1,000	1,333	1,500	2,000	3,000	4,000
$\sqrt{d:h}$	0,500	0,577	0,707	0,815	0,865	1,000	1,150	1,225	1,414	1,730	2,000
Versuchsfaktor	0,457	0,580	0,618	0,788	0,840	1,000	1,153	1,295	1,515	1,989	1,911

Abb. 51. Abhängigkeit der Druckwiderstände eines Körpers von seiner Höhe

Die Tafel I auf den Seiten 76 und 77 mit den von STAMATIU veröffentlichten Druckversuchs-Ergebnissen erleichtert dem Leser die Nachprüfung.

Die Auswertung der Untersuchungsergebnisse von STAMATIU erfolgte durch mich in der Weise, daß z. B. für Versuchskörper von 5 cm Kantenlänge der Grundfläche und 10 cm Höhe aus allen 14 Versuchsreihen das Verhältnis der ermittelten Tragfestig-

[1]) BACH-BAUMANN: Elastizität und Festigkeit. Neunte Auflage. Verlag Springer 1924, S. 201.

keit in kg/cm^2 zur Tragfestigkeit des im einzelnen Falle zugehörigen Würfels ermittelt wurde. Aus diesen Einzelwerten, die für die einzelnen *Schlankheitsgrade geordnet* berechnet wurden, wurden die arithmetischen Mittel festgestellt. So ergab sich z. B. für das Verhältnis der Kantenlänge $d/h = 5/10 = 10/20 = {}^1/_2$ ein mittleres Tragfestigkeitsverhältnis von 0,617, wobei in jedem Falle die Festigkeit des zugehörigen Würfels als 1 in Rechnung gestellt wurde. In derselben Weise sind die übrigen Tragfestigkeitsverhältnisse ermittelt worden, wobei allerdings nur für $d/h = {}^1/_2$ und $d/h = 2$ die Mittel aus je zwei Versuchsreihen (28 Versuche) genommen werden konnten, sonst nur die Mittel aus je einer Versuchsreihe (14 Versuche). Es ergaben sich die in Abb. 51 angegebenen und graphisch dargestellten Werte.

Die folgenden Tafeln II und III, deren Zahlen der Tafel I entnommen wurden, geben den Rechnungsgang an und können dem Leser zur Erleichterung der Kontrolle dienen.

Sind die Langpfeiler, wie z. B. in Abb. 52 mehrfach unterbrochen, so wird, da das „Belastungsgebirge" stets gleich dem Inhalt von $f \cdot s$ sein muß, der Wert von S und damit das Druckspannungsgefälle entsprechend erhöht. Im Maximum wird $S = 3\,s$ bei kreisrundem oder quadratischem Pfeilerquerschnitt.

Falls die Pfeilerwand länger als etwa $5 \cdot d$ (fünffache Breite) ist, so kann man $S = 2\,s$ in Rechnung setzen. Die Sicherheit wird nach menschlichem Ermessen erreicht, wenn das rechnerisch zugelassene Druckspannungsgefälle $^1/_{10}$ des Bruchspannungsgefälles nicht überschreitet.

Der grundlegende Unterschied zwischen der Gleichung BAUSCHINGERS und der von mir aufgestellten besteht darin, daß die Gleichung BAUSCHINGERS die Tragfähigkeit des ganzen Tragkörpers, die von mir aufgestellte aber nur die Tragfähigkeit einer bestimmten Stelle erfaßt.

TAFEL II

	aus Tabelle 13	
	d/h = 1/2	2
weiß	$\frac{198}{295} = 0{,}67$	$\frac{610}{415} = 1{,}469$
	$\frac{252}{415} = 0{,}608$	$\frac{530}{450} = 1{,}178$
gestreift	$\frac{219}{254} = 0{,}862$	$\frac{537}{383} = 1{,}402$
	$\frac{232}{383} = 0{,}60$	$\frac{555}{460} = 1{,}207$
dunkel	$\frac{272}{342} = 0{,}80$	$\frac{630}{430} = 1{,}465$
	$\frac{362}{430} = 0{,}842$	$\frac{650}{470} = 1{,}382$
	aus Tabelle 14	
weiß	$\frac{163}{266} = 0{,}61$	$\frac{443}{298} = 1{,}487$
	$\frac{228}{298} = 0{,}765$	$\frac{509}{396} = 1{,}285$
gestreift	$\frac{183}{275} = 0{,}665$	$\frac{613}{360} = 1{,}703$
	$\frac{181}{360} = 0{,}503$	$\frac{528}{413} = 1{,}278$
dunkel	$\frac{177}{317} = 0{,}558$	$\frac{603}{322} = 1{,}843$
	$\frac{163}{322} = 0{,}506$	$\frac{538}{377} = 1{,}427$
	aus Tabelle 15	
weiß	$\frac{151}{249} = 0{,}607$	$\frac{445}{287} = 1{,}551$
	$\frac{171}{287} = 0{,}596$	$\frac{514}{321} = 1{,}601$
gestreift	$\frac{177}{221} = 0{,}801$	$\frac{426}{324} = 1{,}315$
	$\frac{200}{324} = 0{,}618$	$\frac{518}{350} = 1{,}480$
dunkel	$\frac{204}{210} = 0{,}974$	$\frac{469}{328} = 1{,}430$
	$\frac{180}{328} = 0{,}548$	$\frac{509}{340} = 1{,}497$
Übertrag	12,133	26,000

Noch Tafel II

	d/h = 1/2	2
aus Tabelle 16		
Übertrag	12,133	26,000
	$\frac{100}{219} = 0{,}456$	$\frac{525}{305} = 1{,}721$
	$\frac{157}{305} = 0{,}515$	$\frac{570}{340} = 1{,}676$
	$\frac{150}{245} = 0{,}613$	$\frac{577}{275} = 2{,}098$
	$\frac{140}{275} = 0{,}510$	$\frac{570}{390} = 1{,}462$
aus Tabelle 17		
weiß	$\frac{103}{190} = 0{,}544$	$\frac{456}{216} = 2{,}111$
	$\frac{97}{216} = 0{,}449$	$\frac{470}{800} = 0{,}588$
gestreift	$\frac{135}{236} = 0{,}575$	$\frac{542}{307} = 1{,}762$
	$\frac{84}{307} = 0{,}275$	$\frac{518}{380} = 1{,}363$
dunkel	$\frac{207}{260} = 0{,}797$	$\frac{513}{263} = 1{,}951$
	$\frac{111}{263} = 0{,}423$	$\frac{660}{400} = 1{,}650$
Summe	17,290	42,382
Arith. Mittel	0,618	1,515

BAUSCHINGER hat von seinem Standpunkt ganz richtig die *Bruchbelastung K* des gesamten Bauwerkes in *einer* Rechnung zu ermitteln gesucht. In der Bautechnik sichert man sich gegen den Bruch in einfachster Weise durch Verwendung eines Sicherheitskoeffizienten, um die erforderliche Bausicherheit zu erreichen. Im Bergbau liegen dagegen die Bedingungen grundsätzlich anders. Der Bergmann hat von jeher den Abbau im Interesse der volkswirtschaftlich nötigen, möglichst vollkommenen Gewinnung der anstehenden Minern so geführt, daß die Grubengebäude bis an die Grenze der Tragfähigkeit belastet waren. Daher kommen für den Bergbau in der Regel nicht statische Belastungen, sondern solche in Frage, die eine zwischen der oberen Elastizitätsgrenze und der Bruchgrenze liegende Beanspruchung der Tragkörper herbeiführen.

Bei der Vielgestaltigkeit der Pfeiler, sowohl der Längspfeiler zwischen den Kammern und der Querpfeiler, und der Ausdehnung der Grubenbaue — es sei nur darauf verwiesen, daß in dem durch die Abb. 50 angegebenen Beispiel von Krügershall die Längspfeiler bei 100 m Länge eine Breite von 10 m, die Querpfeiler aber eine solche von 30 m haben — ist eine *ein*heitliche Berechnung des gesamten Tragkörpers der Bergfesten nicht tunlich. Mit der von mir aufgestellten Gleichung wird mit *d* grundsätzlich nur die geringste Breite des zu untersuchenden Pfeilerteiles erfaßt. Es soll nicht verkannt werden, daß die Gleichung von BAUSCHINGER vielleicht günstigere Werte ergibt und auch die Wirkung der Verspannung der Längspfeiler zwischen den Querpfeilern berücksichtigen läßt, aber es muß beachtet werden, daß die Pfeiler vielfach auch quer durchbrochen sind (Abb. 52) und daß in einem Bauabschnitt des Bergwerkes der Bruch *eines* Pfeiler*teiles* unweigerlich zu einer entsprechenden Mehrbelastung der noch anstehenden Pfeiler führt. Tritt hierdurch eine Überbelastung derselben ein, so erfolgt in Art einer Kettenreaktion der Zusammenbruch des Bauabschnittes, wie es 1940 auf Krügershall der Fall war. Bei 100—200 m Abstand der Querpfeiler muß damit gerechnet werden, daß sich die Auflast allmählich voll auf die Längspfeiler auflegt, da die Plastizitätsziffer des im Hangenden anstehenden Steinsalzes bei langdauernder Beanspruchung allmählich zunimmt. Im Interesse der Sicherheit rechnet man daher zweckmäßig mit der gleichmäßig verteilten *vollen* Auflast des Deckgebirges.

TAFEL III

	$\frac{d}{h}$ = 1/3	1/4	2/3	3	3/2	3/4	4	4/3
aus Tabelle 13								
weiß	187/295 = 0,634	175/295 = 0,594	318/415 = 0,766	715/420 = 1,700	485/420 = 1,155	360/420 = 0,857	770/450 = 1,710	510/450 = 1,130
gestreift	160/254 = 0,630	112/254 = 0,441	283/383 = 0,740	725/390 = 1,860	455/390 = 1,166	314/390 = 0,805	800/460 = 1,740	485/460 = 1,050
dunkel	235/342 = 0,687	178/342 = 0,520	377/430 = 0,877	740/435 = 1,700	535/435 = 1,230	365/435 = 0,839	835/470 = 1,780	490/470 = 1,040
aus Tabelle 14								
weiß	159/266 = 0,598	153/266 = 0,574	265/298 = 0,890	603/347 = 1,740	480/347 = 1,388	337/347 = 0,971	660/396 = 1,670	415/396 = 1,050
gestreift	171/275 = 0,622	132/275 = 0,480	295/360 = 0,820	683/367 = 1,860	470/367 = 1,281	333/367 = 0,907	680/413 = 1,650	433/413 = 1,050
dunkel	167/317 = 0,527	164/317 = 0,517	295/322 = 0,916	685/375 = 1,830	444/375 = 1,184	326/375 = 0,869	698/377 = 1,850	396/377 = 1,050
aus Tabelle 15								
weiß	136/249 = 0,547	103/249 = 0,414	187/287 = 0,652	642/308 = 2,080	410/308 = 1,331	296/308 = 0,961	660/321 = 2,055	408/321 = 1,270
gestreift	151/221 = 0,684	121/221 = 0,547	240/324 = 0,740	703/344 = 2,040	404/344 = 1,174	283/344 = 0,822	705/350 = 2,010	429/350 = 1,226
dunkel	147/210 = 0,700	116/210 = 0,552	229/328 = 0,698	723/331 = 2,190	450/331 = 1,359	293/331 = 0,885	725/340 = 2,130	405/340 = 1,190
aus Tabelle 16								
weiß	77/219 = 0,351	63/219 = 0,288	232/305 = 0,761	570/320 = 1,785	438/320 = 1,369	280/320 = 0,875	698/340 = 2,050	410/340 = 1,210
	135/245 = 0,551	93/245 = 0,379	243/275 = 0,885	645/320 = 2,020	440/320 = 1,375	305/320 = 0,955	710/390 = 1,820	430/390 = 1,100
aus Tabelle 17								
weiß	92/190 = 0,485	52/190 = 0,274	190/216 = 0,880	625/273 = 2,29	400/273 = 1,465	175/273 = 0,641	670/300 = 2,233	340/300 = 1,133
gestreift	118/236 = 0,500	63/236 = 0,267	183/307 = 0,596	680/314 = 2,170	425/314 = 1,354	214/314 = 0,683	707/380 = 1,860	509/380 = 1,340
dunkel	156/260 = 0,600	145/260 = 0,558	214/263 = 0,815	770/298 = 2,580	405/298 = 1,360	205/298 = 0,688	880/400 = 2,200	520/400 = 1,300
Summe:	8,116	6,405	11,036	27,845	18,191	11,758	26,758	16,139
Arith. Mittel:	0,580	0,457	0,788	1,989	1,295	0,840	1,911	1,153

Diese mit der Wirkungsdauer verbundene Zunahme der Plastizität bedeutet zweifellos eine Verminderung der Tragfähigkeit der anstehenden Salzpfeiler. So weisen R. JUNGHANS und H. ECHTERMEYER[1]) in ihrer Veröffentlichung über „*Versuche zur Senkung der Abbauverluste im Kalisalzbergbau des Südharzes*" darauf hin, daß an einer Meßstelle, die „genau über der Mitte des vom Gebirgsschlag betroffenen Baufeldes von Krügershall und im Mittel der ganzen regelmäßig aufgemessenen Senkungswanne lag, in 26 Jahren (bis 1935) 66 mm Senkungen gemessen wurden, die sich in gesetzmäßiger Abhängigkeit von der Zunahme der Abbaufläche entwickelten. *In den letzten fünf Jahren vor dem Gebirgsschlag stiegen die Senkungen an diesem Höhenfestpunkt plötzlich auf 212 mm. Wir können daraus die wichtige Folgerung ziehen, daß eine plötzliche Zunahme der Senkungen auf erhöhte Gebirgsschlaggefahr hindeutet.*"

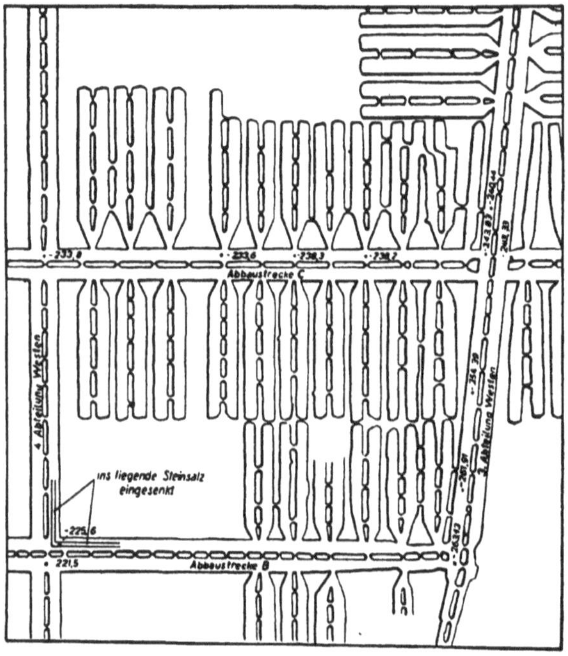

Abb. 52. Abbau im Werragebiet

Diese sehr richtige Folgerung ist zugleich ein klarer Beweis für meine Annahme, daß mit einer zunächst plastischen Verformung der Salzpfeiler eine allmählich sich steigernde Ermüdung derselben verbunden ist.

Die von mir aufgestellte Gleichung hat den Vorteil, daß sie eine einfache Berechnung des Druckgradienten (des Druckspannungsgefälles) ermöglicht. Diese Feststellung ist aber für die Wahl der Pfeilerabmessungen unentbehrlich, um eine nach menschlichem Ermessen möglichst große Betriebssicherheit ohne unnötige Abbauverluste zu erreichen.

Da ich die Verwendung von Pfeilern mit quadratischem Querschnitt empfohlen habe, dürfte es angebracht sein, die Beeinflussung der Druckgradienten durch die Abmessungen der Pfeiler bei bestimmter Auflast zu untersuchen. Zunächst steht die Pfeilerabmessung ***bei einem bestimmten Abbauverlust*** in Abhängigkeit von der zulässigen Kammerbreite, die in erster Linie bestimmt wird durch die Festigkeit der anzubauenden Dachschichten. In den meisten Fällen kann man eine Kammerbreite von $\sim$ 15,0 m einhalten. Jedoch ist man oft auch gezwungen, geringere Kammerbreiten einzuhalten. Eine Kammerbreite von 20 m empfiehlt sich wohl nur bei gutem, mächtigem, genügend dickbankigem Steinsalzdach. Diese günstigen Bedingungen treffen nach SPACKELER[1]) vielfach für das Werragebiet zu, wo man 20 m breite Abbaukammern herstellt, die

---

[1]) Bergbautechnik, 3. Jg., Januar 1953. Heft 1, S. 21 ff.

[1]) Prof. Dr. Ing. SPACKELER: Lehrbuch des Kali- und Steinsalzbergbaues Verlag W. Knapp 1950. Seite 117/118.

durch Salzfesten von 10 m Breite von einander getrennt werden und eine Länge von je 200 m haben. Die zur Aufnahme der Förderstrecken dienenden Querpfeiler haben also einen Abstand von 200,00 m (Abb. 52).

Für Pfeiler mit quadratischem Querschnitt errechnet sich die Pfeilerabmessung folgendermaßen:

Sind x = Kantenlänge des Pfeilerquerschnittes
k = Kammerbreite
v = Abbauverlust in Anteilen (z. B. 50% = 0,5),

so gilt die Gleichung

$$x^2 = v \cdot (x + k)^2$$

$$x = \frac{\sqrt{v}}{1 - \sqrt{v}} \cdot k\,.$$

Die Werte von $\frac{\sqrt{v}}{1-\sqrt{v}}$ sind für $v = 0,4$ bis 0,6 auf Abb. 53 graphisch dargestellt. Bei einem Abbauverlust von 50% wird $x = 2,42 \cdot K$.

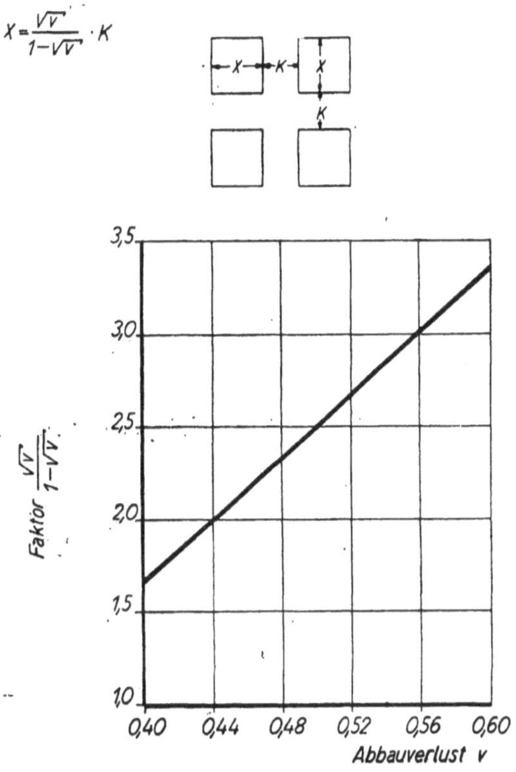

Abb. 53. Faktoren zur Berechnung der Pfeilerstärken von quadratischem Querschnitt in ihrer Abhängigkeit von der Kammerbreite bei Abbauverlusten von v = 0,4 bis 0,6

Durch den Druck der Auflast entsteht in der Mittelachse des Pfeilers eine Zone erhöhten Druckes, die etwa in der Mitte der Pfeilerhöhe ihr Maximum hat (Abb. 7). Überschreitet das von dieser Stelle nach außen eintretende Druckspannungsgefälle infolge zu hohen Druckes das für das druckbeanspruchte Material zulässige Maß, so erfolgt der Bruch durch die vom Druckmaximum ausgehenden Scherkräfte (Abb. 7). Die Folge ist ein Zerfall des Körpers in zwei Kegel, deren Spitzen gegeneinander gerichtet sind, wie die von STAMATIU durchgeführten Druckversuche zeigen (Abb. 54). Es ist nun klar, daß der Widerstand eines Körpers gegen die Druckwirkungen um so größer wird, je niedriger er

Abb. 54. Steinsalzwürfel nach dem Bruch

Gestreiftes Steinsalz

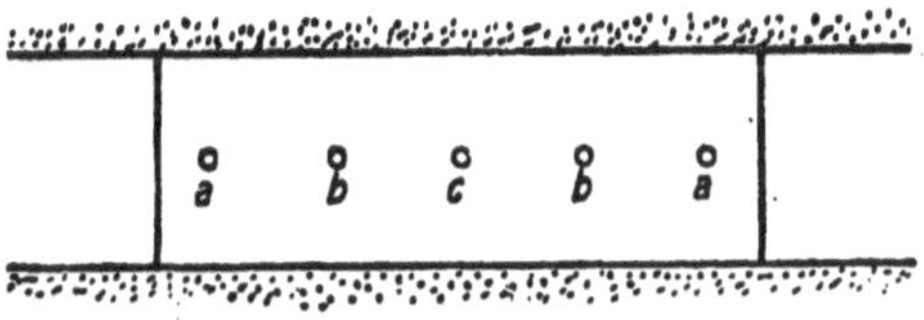

Abb. 55. Abhängigkeit der Widerstände loser Massen gegen Druck von ihrer Lage

bei gleichem Querschnitt ist. Vergl. Bergmännische Gebirgsmechanik S. 28, Abb. 13; hier Abb. 7. Es muß also in diesem Falle das zur Herbeiführung des Bruches erforderliche Druckspannungsgefälle wachsen. Mit zunehmender Höhe nimmt dementsprechend das zum Bruch erforderliche Druckspannungsgefälle ab. Überschreitet die Höhe des Körpers in bezug auf seinen Querschnitt und damit dessen Schlankheitsgrad die den EULERschen Bedingungen zulässige Grenze, so kann sich nach einer freundlichen Mitteilung des Herrn Dr. WORLITZSCH vom Physikalischen Institut der Bergakademie Freiberg kein Druckmaximum mehr im Körper bilden, da die Festigkeitswiderstände gering werden. Der belastete Körper erhält keine tonnenförmige Gestalt, sondern weitet sich meist an den Kopfenden pilzförmig aus. Das Druckspannungsgefälle muß also in diesem Falle sein Vorzeichen geändert haben. Die Auswertung eines von STAMATIU durchgeführten Versuches zeigt diese Abnahme des Druckspannungsgefälles am klarsten. Auch bei niedrigen, plattenförmigen Versuchskörpern wird b negativ, wenn $\frac{y}{\sqrt{\frac{d}{h}}} < c$ ist.

Die dunkelgrauen Steinsalzproben von Uioara hatten bei einem Querschnitt von 5×5 cm und 5 cm Höhe eine Bruchfestigkeit von 317 kg/cm², bei 10 cm Höhe eine solche von 177 kg/cm², bei 15 cm Höhe eine solche von 167 kg/cm² und bei 20 cm Höhe noch 164 kg/cm². Daraus errechnen sich die Werte für $b_{\max}$ nach der Gleichung, wobei $c = 279{,}6$ kg/cm² ist,

$$b_m = \frac{\frac{y}{\sqrt{\frac{d}{h}}} - c}{d}.$$

Es sind nun $\frac{1}{\sqrt{\frac{d}{h}}}$ bei $d = 5$ cm und bei $h = 10$ cm $= 1{,}415$
bei $h = 15$ cm $= 1{,}735$
bei $h = 20$ cm $= 2{,}00$

für die Höhe von 5 cm $b_m = \frac{317 - 279{,}6}{5} = 7{,}48$ also

$$B_m = 6 \cdot b_m = \underline{\underline{44{,}88 \text{ kg/cm}^2\text{/cm}}},$$

für die Höhe von 10 cm $b_m = \frac{177 \cdot 1{,}415 - 279{,}6}{10} = -2{,}76$ also

$$B_m = 6 \cdot b_m = \underline{\underline{-16{,}56 \text{ kg/cm}^2\text{/cm}}},$$

für die Höhe von 15 cm $b_m = \frac{167 \cdot 1{,}735 - 279{,}6}{15} = 0{,}66$ also

$$B_m = 6 \cdot b_m = \underline{\underline{3{,}96 \text{ kg/cm}^2\text{/cm}}},$$

für die Höhe von 20 cm $b_m = \frac{164 \cdot 2 - 279{,}6}{20} = \frac{48{,}4}{20} = 2{,}42$ also

$$B_m = 6 \cdot b_m = \underline{\underline{14{,}52 \text{ kg/cm}^2\text{/cm}}}.$$

Die Ergebnisse der Druckversuche an kleinen Versuchskörpern unterliegen stets mehr oder weniger starken Streuungen, die nur durch eine Großzahl von Versuchen ausgeglichen werden können. Zurückzuführen sind diese Schwankungen der Versuchsergebnisse auf das Auftreten von irgendwelchen Einlagerungen, Kristallspaltflächen usw. im Körper, die vor dem Bruch nicht erkannt werden, aber die Bruchfestigkeit je nach der Art der Einlagerungen erhöhen oder erniedrigen können. Die Wirkungen dieser Einlagerungen treten mit zunehmenden Abmessungen der Versuchskörper immer mehr zurück. Bei den Versuchen von STAMATIU an Würfeln waren stärkere Abweichungen nur an Würfeln von 5 cm und 10 cm Kantenlänge zu beobachten. Die größeren Würfel zeigten in der Regel einwandfreie Festigkeiten, wie sich aus der graphischen Darstellung der Würfelfestigkeiten unschwer ergibt (Tafel IV a—d, S. 86). In den massigen Bergfesten der Kalisalzgruben sind zweifellos die Wirkungen dieser kleinen Einlagerungen völlig ausgeglichen.

In dem obigen Beispiel zeigte die Säule von 10 cm Höhe einen auffallend niedrigen b_m-Wert. Aber das Beispiel der untersuchten gestreiften Steinsalzkörper der gleichen Steinsalzgrube zeigte Werte, die bei einer Großzahl von Untersuchungen auf den Ausgleich hindeuten. Die b_m-Werte betrugen ($c = 229$)

bei 5 cm Höhe und 5 × 5 cm Querschnitt:

$$\frac{275 - 229}{5} = 9{,}25; \text{ also } B_m = 6 \cdot b_m = \underline{\underline{55{,}5 \text{ kg/cm}^2\text{/cm}}},$$

bei 10 cm Höhe und 5 × 5 cm Querschnitt:

$$\frac{183 \cdot 1{,}415 - 229}{10} = 3; \quad \text{also } B_m = 6 \cdot b_m = \underline{\underline{18{,}00 \text{ kg/cm}^2\text{/cm}}},$$

bei 15 cm Höhe und 5 × 5 cm Querschnitt:

$$\frac{171 \cdot 1{,}735 - 229}{15} = 4{,}5; \quad \text{also } B_m = 6 \cdot b_m = \underline{\underline{27{,}00 \text{ kg/cm}^2\text{/cm}}},$$

bei 20 cm Höhe und 5 × 5 cm Querschnitt:

$$\frac{132 \cdot 2 - 229}{20} = 1{,}75; \text{ also } B_m = 6 \cdot b_m = \underline{\underline{10{,}5 \text{ kg/cm}^2\text{/cm}}}.$$

Es ergibt sich also grundsätzlich eine Abnahme des b_m-Wertes mit zunehmendem Schlankheitsgrad.

Die Auswertung der mittleren Tragfestigkeitsverhältnisse der Tragkörper gleicher Schlankheitsgrade ergeben als arithmetische Mittel der 14 Versuchsreihen den in Abb. 51 dargestellten Faktor $\sqrt{\frac{d}{h}}$. Die Mittelwerte decken sich weitgehend mit der rechnerisch ermittelten Kurve.

Beachtet man nun ferner die Tatsache, daß die Festigkeitswerte der Würfel von 10 cm, 15 cm und 20 cm Kantenlänge bei den Versuchen IV und VIII bis XI fast genau auf einer geraden Linie liegen, Tafel IV a bis d, daß also deren b_m-Werte je Salzprobe unverändert bleiben, so kann als *Modellgesetz für die Feststellung der Druckwiderstände gefolgert werden, daß bei einem homogenen Material die b_m-Werte und damit die Druckspannungsgefälle bei der Bruchbelastung unverändert bleiben, sofern die gleichen Abmessungsverhältnisse der prismatischen, rechteckig geformten Tragkörper vorliegen.*

Daraus folgt die Wichtigkeit der Errechnung des zu erwartenden Druckspannungsgefälles für die Beurteilung der Betriebssicherheit des Grubengebäudes.

Graphische Darstellungen I–IV

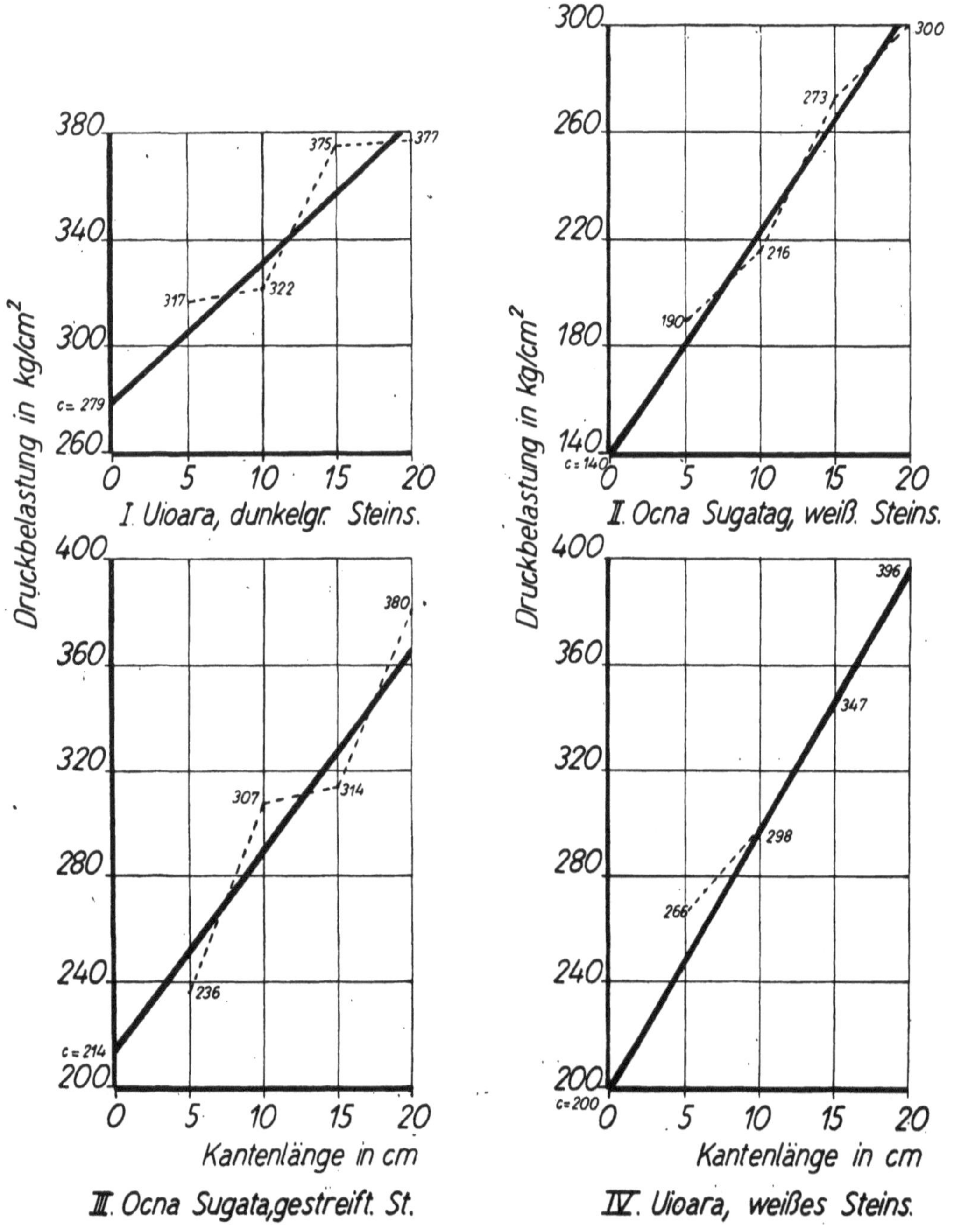

Graphische Darstellungen V–VIII

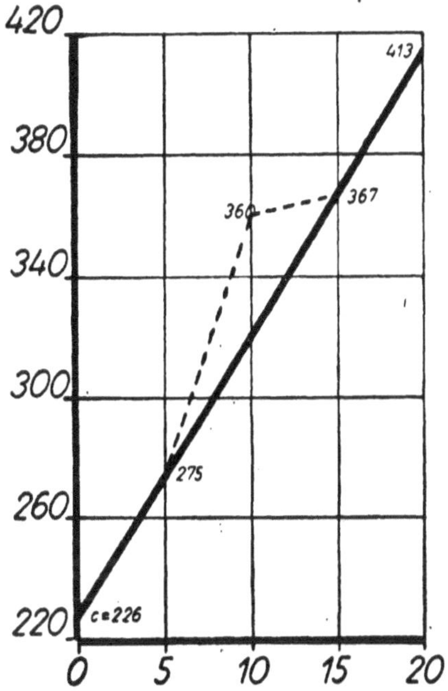

V. Uioara, gestreift. Steins.

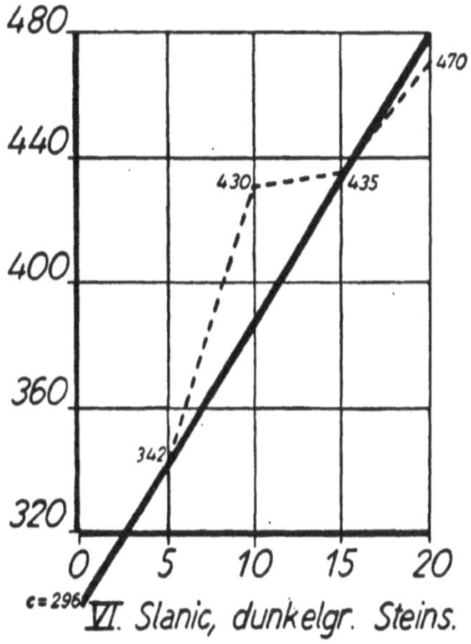

VI. Slanic, dunkelgr. Steins.

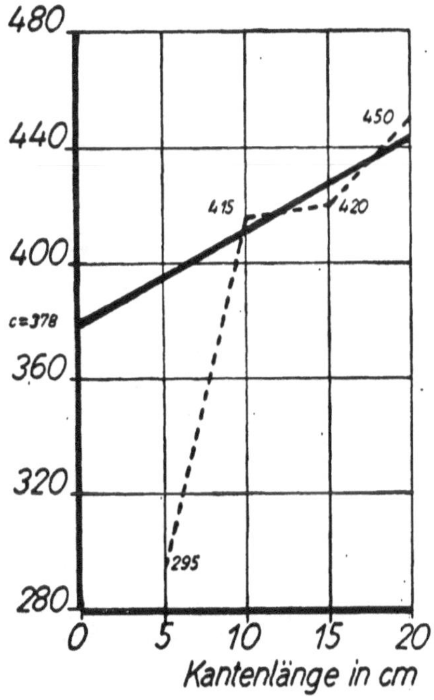

VII. Slanic, weiß. Steinsalz

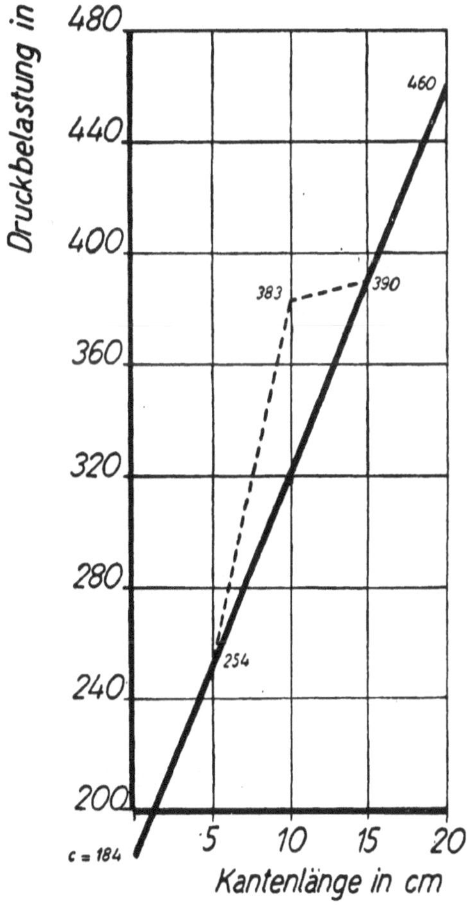

VIII. Slanic, gestreift. St.

Graphische Darstellungen IX – XII

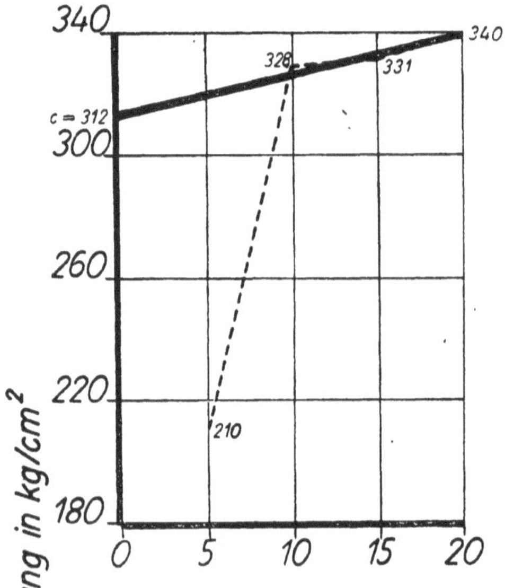

IX. Targul Ocna, dunkelgr. St.

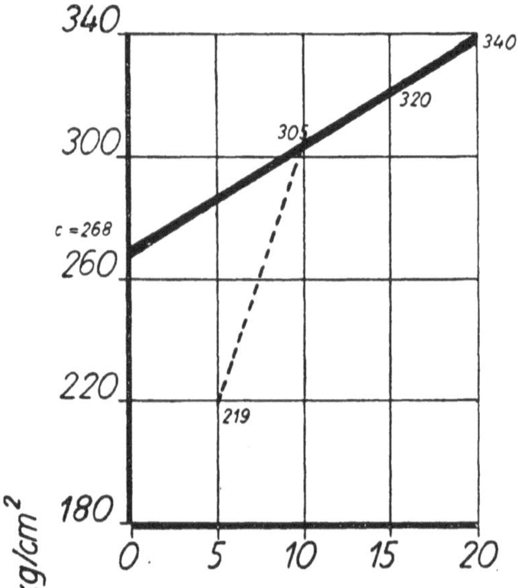

X. Ocna Dej, weißes Steins.

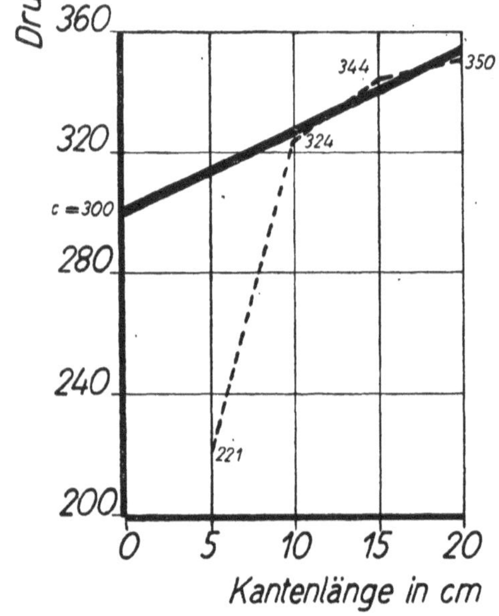

XI. Targul Ocna, gestr. St.

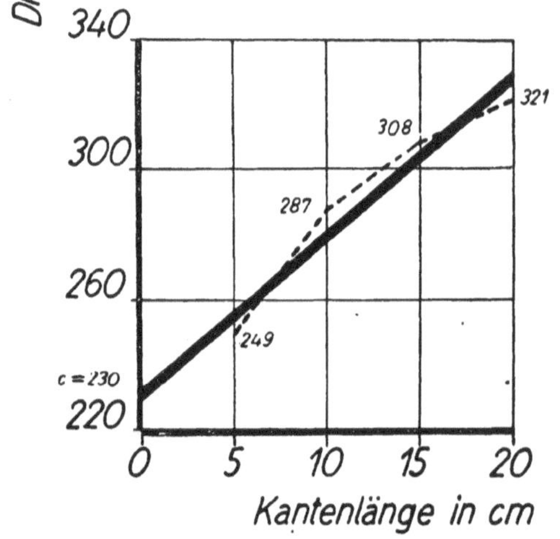

XII. Targul Ocna, weißes St.

Graphische Darstellungen XIII – XIV

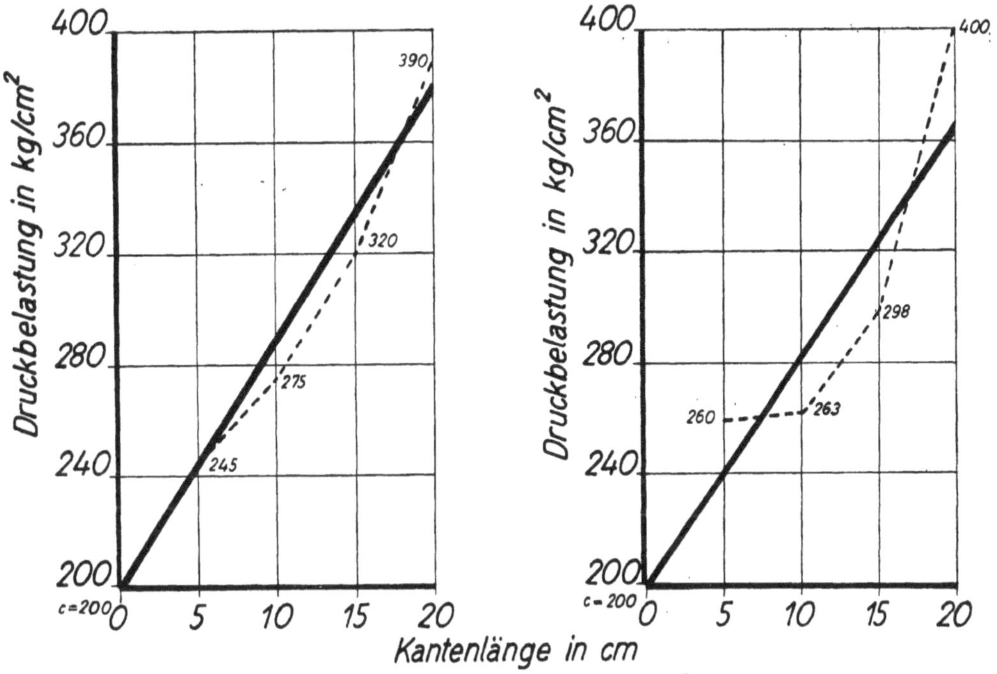

XIII. Ocna Dej, gestreift. St.

XIV. Ocna Sugatag, dnklgr. St.

Allerdings dürfen aus den erwähnten Gründen die Abmessungen der Versuchskörper nicht zu klein sein. Als Minimalwert wird man für *d* etwa 20—30 cm annehmen müssen. Bei grobkristallinen Salzen muß man zum Ausgleich der Inhomogenität größere Abmessungen wählen. Man ist nunmehr in der Lage, die Belastungverhältnisse der ausstehenden Salzpfeiler eines Salzbergwerks aufgrund sachgemäßer Laboratoriumsversuche rechnerisch erfassen zu können.

Aus den vorstehenden Feststellungen ergeben sich die folgenden grundsätzlichen Erkenntnisse:

a) Der Bruch eines unter Druck stehenden Körpers erfolgt *nicht* durch eine bestimmte Belastung in kg/cm². Die erforderliche Bruchlast ist vielmehr vom Material und von den Abmessungen des Körpers abhängig.

b) Der Bruch wird herbeigeführt durch ein Druckspannungsgefälle, das im Körper Scherkräfte hervorruft. Das erforderliche „Bruchspannungsgefälle" ist für rechtwinklig-prismatische Körper aus bestimmtem homogenem Material in allen Fällen gleich, in welchem die Abmessungsverhältnisse der Länge zur Breite und Höhe gleich sind.

c) Man kann also an modellähnlichen Versuchskörpern die Tragfähigkeit der anstehenden Salzpfeiler durch Feststellung der Bruchspannungsgefälle errechnen.

Man darf aber nicht außer Acht lassen, daß das zulässige Druckspannungsgefälle nur etwa $^1/_{10}$ des Bruchspannungsgefälles betragen darf.

Mein Vorschlag, Pfeiler von quadratischem Querschnitt zu verwenden, geht also von der Überlegung aus, das Druckgefälle bei gleicher spez. Belastung des Querschnittes möglichst flach zu halten, gleichzeitig zu vermeiden, daß im Grubengebäude an irgendeiner Stelle ein wesentlich stärkeres Druckgefälle entstehen kann, da hier — worauf ich schon hinwies — in vielen Fällen der Ausgangspunkt der Zusammenbrüche von Kalisalzgruben zu suchen ist. In den in Bergbau und Energie 1949, S. 44 gegebenen

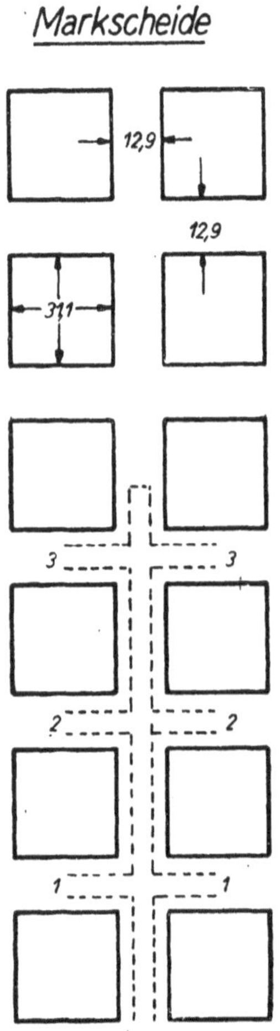

Abb. 56.

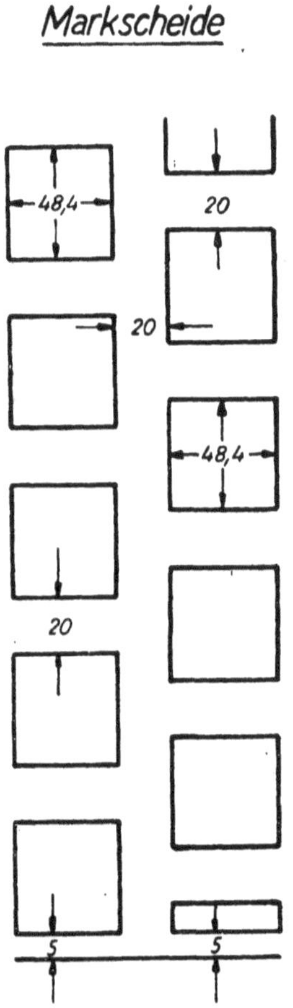

Abb. 57.

Beispielen ergab sich ein b-Wert (nicht der Maximalwert der Bruchbelastung, sondern der b-Wert der tatsächlichen Belastung) für Pfeiler von 10 m Höhe

$$b = \frac{\frac{y}{\sqrt{\frac{d}{h}}} - c}{d} = \frac{\frac{300}{\sqrt{\frac{1000}{3110}}} - 150}{3110} = \frac{\frac{300}{1,767} - 150}{3110} = \frac{169,5 - 150}{3110} = 0,00644.$$

Daraus folgt

$$B = 6 \cdot b = 0,03864 \text{ kg/cm}^2\text{/cm}.$$

Bei gleichen spezifischen Belastungen von 150 kg/cm² durch die Deckgebirgsauflage beträgt das Druckspannungsgefälle für rechteckige Pfeiler von ebenfalls 10 m Höhe

bei einer Pfeilerbreite von 10 m $B = 0{,}6$ kg/cm²/cm,

bei einer Pfeilerbreite von 20 m $B = 0{,}124$ kg/cm²/cm.

In beiden Fällen ist also das Druckspannungsgefälle ein Mehrfaches desjenigen, das in massigen Pfeilern mit quadratischem Querschnitt auftritt. Dabei ist zu beachten, daß bei einer Kammerbreite von 20 m der Pfeiler bei gleichem Abbauverlust, also gleicher spezifischer Belastung, einen quadratischen Querschnitt von 48,4 m erhalten würde, wodurch noch eine wesentliche Herabsetzung des Druckgradienten erfolgen würde.

Zweckmäßig wird man den Abbau so führen, daß man in der gradlinig anzuordnenden Kammerreihe, die zur Markscheide führt (Abb. 56), eine Förderstrecke vortreibt, von der aus man schon während der Vorrichtung rechts und links dieser Strecke in Abständen der Pfeilerbreiten Abbaukammern 1, 2, 3 usw. in Angriff nimmt.

Bei sehr breiten Kammern dürfte es zweckmäßig sein, die Pfeiler gegenseitig so zu versetzen, daß die Querkammern an der Mitte der auf der anderen Seite der zur Markscheide führenden Pfeilerreihe liegen (Abb. 57). Man vermeidet auf diese Weise die stark beanspruchten Kammerkreuzungen, erhöht also die Sicherheit gegen Steinfallgefahr.

Sobald die Vorrichtungsstrecke die Markscheide erreicht hat, kann der Streifen im Rückbau hereingewonnen werden.

Der Versatz kann bei Bedarf durch Hochabsetzer gleich so eingebracht werden, daß die Räume genügend ausgefüllt werden. Die vorgeschlagene Abbaumethode setzt aber ein noch nicht in Angriff genommenes Abbaufeld voraus, in welchem man frei disponieren kann.Diese Voraussetzung ist aber nicht immer gegeben.

So hat man im Werragebiet das ~ 3—3,5 m mächtige Hartsalzflöz durch Kammerbau hereingewonnen (s. Abb. 52). Die Kammern sind rd. 200 m lang, 20 m breit, während die trennenden Pfeiler nur eine Stärke von ~ 10 m haben. Rechnet man eine Deckgebirgsmächtigkeit von ~ 600 m und einen Abbauverlust von 33⅓ %, so sind bei gleichmäßiger Verteilung der Auflast die Pfeiler mit $\frac{600 \cdot 2{,}5}{0{,}333 \cdot 10} = 450$ kg/cm² belastet. Für Hartsalz kann man einen c-Wert in Rechnung setzen, wie er auch für Steinsalz gelten kann. Es sei angenommen $c = 314$ kg/cm². Es ist dann

$$b = \frac{\frac{\frac{y}{d}}{\sqrt{\frac{h}{d}}} - c}{d} = \frac{\frac{\frac{450}{1000}}{\sqrt{\frac{350}{1000}}} - 314}{1000} = \frac{\frac{450}{\sqrt{2{,}86}} - 314}{1000} = \frac{\frac{450}{1{,}7} - 314}{1000} = \frac{264 - 314}{1000} = \frac{52}{1000} = -0{,}05$$

$$B = 4 \cdot b = -0{,}20 \text{ kg/cm}^2/\text{cm}.$$

Der Druckgradient ist also trotz der hohen spez. Belastung infolge der geringen Höhe der Pfeiler sehr niedrig. Offenbar kann der Druck noch statisch ohne jede Formänderung aufgenommen werden. Der Abbau konnte also ohne Schwierigkeiten erfolgen. Diese werden aber eintreten, wenn man das Karnallitlager nachträglich noch gewinnen will.

Nimmt man an, daß *unter* dem Hartsalz 10 m Karnallit anstehen, so würden bei den gegebenen Voraussetzungen zwangsweise Langpfeiler zwischen den 20 m breiten Kammern von 13 m Höhe und 10 m Breite entstehen. Der c-Wert des weicheren Karnallites kann höchstens zu 100 kg/cm² angenommen werden. Es ergibt sich dann

$$b = \frac{\frac{450}{\sqrt{\frac{1000}{1300}}} - 100}{1000} = \frac{\frac{450}{\sqrt{0,77}} - 100}{1000} = \frac{\frac{450}{0,876} - 100}{1000} = \frac{520 - 100}{1000} = 0,420$$

$$B = 4 \cdot b = 1,68\ \text{kg/cm}^2/\text{cm}.$$

Das Druckspannungsgefälle und damit die Gefahr des Verbruches ist im zweiten Falle — bei den 13 m hohen Pfeilern — mehr als 10 mal so groß als vordem beim Abbau der rund 3—3,5 m hohen Hartsalzschicht. Im Karnallit muß man bei diesem Druckspannungsgefälle mit dem Eintritt von Ermüdungserscheinungen rechnen, die — wie die anderen Zusammenbrüche im Kalisalzbergbau zeigen — nach mehr oder weniger langer Zeit zum Zusammenbruch führen.

Geht man davon aus, daß die Ermüdung eine Folge der Gleitbewegung der bei der zunächst plastischen Verformung aneinander gleitenden Moleküle des Pfeilermaterials ist, so kann man unschwer den Schluß ziehen, daß diese Gleitbewegung und damit die Ursache der Ermüdung ausgeschaltet wird, wenn die durch das Druckspannungsgefälle verfügbare Kraft nicht ausreicht, die innere Kohäsionsreibung bzw. den Kohäsionswiderstand zu überwinden. Daraus folgt die Forderung nach einem möglichst niedrigen Druckspannungsgefälle. Diese Forderung ist besonders dringlich bei einer dünnschaligen Wechselfolge von Steinsalz, Karnallit und Kieserit. Es dürfte unmöglich sein, dasjenige Druckspannungsgefälle einwandfrei zu ermitteln, bei welchem auch nach jahrelanger Dauer jede Verformung aufhört. Man kann daher nur aus den Zusammenbrüchen allgemeine Schlüsse ziehen, indem man theoretisch die wirksam gewesenen Druckspannungsgefälle nachrechnet und etwa $^1/_{10}$ der Gefahr bringenden Gefälle zuläßt, wobei 0,1 als gefühlsmäßiger Sicherheitskoeffizient gilt. Für Krügershall hatte ich als gefahrbringend ein Druckspannungsgefälle von 0,6 kg/cm²/cm festgestellt. Es handelte sich aber hier um einen sehr homogenen Karnallit. Bei dünnbankigem oder dünnschaligem Karnallit liegt das gefahrbringende Gefälle zweifellos tiefer. Ich glaube deshalb, daß man ein Gefälle von $\sim$ 0,03 bis 0,04 kg/cm²/cm nicht überschreiten soll.

Im vorliegenden Falle[1]) wird man daher zweckmäßig nicht die unmittelbar nebeneinander liegenden Kammern in Angriff nehmen, sondern wird jedesmal eine Kammer überspringen, so daß zwischen den einzelnen in Abbau genommenen Kammern Pfeiler von 40 m Gesamtbreite, d. h. 20 m Kammerbreite und 2×10 m Pfeilerbreite stehen bleiben. In diesem Falle würde der spez. Druck, der auf dem Pfeiler lastet, wesentlich herabgesetzt werden, wenn man nicht bereits das Hartsalz abgebaut hätte und dadurch auf den 40 m breiten Karnallitpfeilern zu beiden Seiten mit je 10 m breiten Hartsalzpfeilern mit ungünstig liegenden Tragkörpern zu rechnen hätte. Die Tragfähigkeit der Karnallitpfeiler würde zweifellos ausreichen.

---

[1]) In Frage kommen hier nur diejenigen Betriebe, in welchen der Abbau *ohne* Versatz durchgeführt wurde. Vgl. SPACKELER: Lehrbuch des Kali- und Steinsalzbergbaues. S. 118 unten.

Unterstellt man, daß der Raum zwischen den Pfeilern noch vollkommen mit anstehendem Salz ausgefüllt wäre, so würde der Pfeiler bei 40 m Breite und 13 m Gesamthöhe auf jeden Fall das Gebirge ohne Bruchgefahr tragen. Da dann die Abbauvollständigkeit zunächst auf 33% sinken würde, so würde die Belastung der Karnallitpfeiler nur 225 kg/cm² betragen. Im Karnallitpfeiler würde daher

$$b = \frac{\dfrac{225}{\sqrt{\dfrac{4000}{1300}}} - 80}{4000} = \frac{\dfrac{225}{\sqrt{3{,}08}} - 80}{4000} = \frac{\dfrac{1{,}72}{225} - 80}{4000} = \frac{132 - 80}{4000} = \frac{52}{4000} = 0{,}013$$

$$B = 4 \cdot b = 0{,}052 \text{ kg/cm}^2\text{/cm}.$$

Eine Gefahr, daß der Karnallitpfeiler hereinbrechen könnte, liegt nach menschlichem Ermessen nicht vor. Dagegen muß damit gerechnet werden, daß die beiden Hartsalzrandpfeiler eine sehr unangenehme Wirkung auf den darunter befindlichen Karnallitpfeiler haben. Um diese Wirkung von Anfang an einzuschränken, dürfte es sich empfehlen, die Stöße nicht durch Schießarbeit, sondern durch Schrämarbeit freizulegen, um auf diese Weise die Erschütterungen zu vermeiden, die von den Schüssen ausgehen und das Gebirge mehr oder weniger tief zerreißen. Diese Zerrüttungszone, die irreführend vielfach in der Literatur als „Trompeterzone" bezeichnet wird, obwohl sie nicht durch den Gebirgsdruck herbeigeführt wurde, kann im vorliegenden Falle eine recht unangenehme Wirkung haben, weil gerade unter den Hartsalzpfeilern der Untergrund sehr stark aufgelockert wird. Zweckmäßig wird daher auch der Abbau so geführt, daß der Versatz gegebenenfalls mit Hochabsetzern möglichst dicht nachfolgt, wobei das Kalisalz strossenartig gewonnen wird.

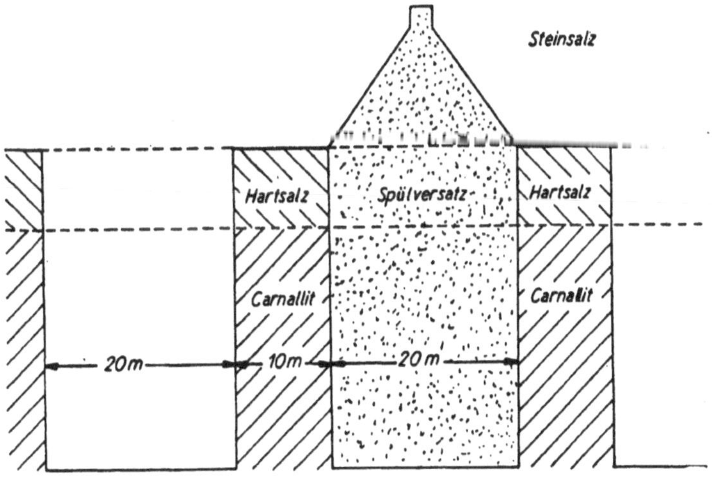

Abb. 58.

Für den Abbau der anderen Zwischenpfeiler müßte, um einen möglichst vollständigen Abbau herbeiführen zu können, der Raum auch noch mit Spülversatz ausgefüllt werden. Es ist nun bekannt, daß der Spülversatz bei söhliger First niemals bis unter die Decke gelangen kann. Es bleibt ein mehr oder weniger hoher Hohlraum offen, so daß der Spülversatz nicht tragen kann. Er kann nur die Pfeiler seitlich abstützen. Will man den

Spülversatz, wie es im vorliegenden Falle erforderlich wäre, zum Tragen mit heranziehen, so müßte man die First, gemäß beiliegender Skizze, dachartig nach oben heraufbrechen und oben in der Mitte eine schmale Strecke von etwa 1 m Breite nachschießen, in welche die Spülversatzrohrleitung hineingebracht wird. Wenn die Schrägflächen mindestens 30—40° Neigung haben, so wird sich der Versatz (s. Abb. 58) dicht anlegen; es kann auch die Strecke späterhin bei Bedarf noch restlos versetzt werden, um auch ein Hochpressen des Versatzes in den schmalen Hohlraum zu vermeiden. Der Spülversatz hat zwar eine geringe Druckfestigkeit, die von JUNGHANS mit 80 kg/cm² angenommen wird; wenn aber die Hohlräume restlos ausgefüllt werden, so kann unterstellt werden, daß der Versatz in der Lage bleibt, das Deckgebirge zu tragen, vor allem, wenn der Bau so geführt wird, daß niemals schmale Langpfeiler, die aus Spülversatz bestehen, gebildet werden, sondern daß, wenn man abwechselnd die Kammern und Pfeiler in Angriff nimmt, die tragenden Pfeiler immer eine große Breite behalten. Jedenfalls ist das Verfahren wohl geeignet, der Deutschen Demokratischen Republik erhebliche Karnallitsalzmengen noch verwendungsfähig zu erhalten.

Auf alle Fälle dürfte es jedoch zweckmäßig sein, das Druckverhalten des erhärteten Spülversatzes aus Rückstandsalzen usw. durch sorgfältig durchgeführte, umfassende Druckversuche festzustellen, um auf Grund der Ergebnisse weitere Rechnungen durchführen und den Betrieb sichern zu können.

Die Abbauverhältnisse werden wesentlich einfacher, wenn der Abbau in einer bis daher unverritzten Bauabteilung durchgeführt wird. Unterstellt man hier, daß das Hartsalzlager im Liegenden des Karnallitlagers vorhanden ist und das Karnallitlager in einer Wechselfolge von Karnallit und Steinsalz in einer Mächtigkeit von etwa 4—6 m besteht und darüber wieder mächtige, reine, massige Steinsalzablagerungen vorliegen, so könnte unter Verwendung eines nachträglichen Spülversatzes in der in Abb. 58 angegebenen Art ein Kammerbau durchgeführt werden, bei dem nach den Vorschlägen von JUNGHANS und H. ECHTERMEYER[1]) zweifellos ein vollständiger Abbau der Lagerstätte durchgeführt werden kann. Jedoch würde ich vorschlagen, in diesem Falle eine Kammerbreite und eine Pfeilerbreite von je 15 m zu wählen und beim Abbau zunächst immer eine Kammer überspringen und ebenso späterhin beim nachfolgenden Abbau der Zwischenkammern und der Pfeiler, um stets möglichst breite abgebundene Spülversatzpfeiler zu haben. Auch hier gilt natürlich die Bedingung, daß das Druckverhalten des erhärteten Spülversatzes durch sorgfältige Versuche vorher festgestellt ist.

---

[1]) Bergbautechnik, Januar 1951, Heft 1.

IV. Zusammenfassungen und Schlußfolgerungen

In der hier vorliegenden Abhandlung sind zwei Gebiete bergbaulicher Tätigkeit bearbeitet, die sachlich ziemlich zusammenhanglos sind. Für den Zweck dieser Arbeit besteht aber ein wichtiger Zusammenhang in der Aufzeigung der Gegensätze, die zwischen den dynamischen Gebirgsdruckwirkungen und der statischen Druckbelastung in Frage kommen. Während die Tunnelbauten und der Kalisalzbergbau als Kammerbau klassische Beispiele für die Herstellung, Sicherung und Erhaltung statischer Bauten sind oder doch sein sollen, kommt für die Erhaltung der Grubenbaue und für den Betrieb im Steinkohlenabbau ausschließlich die Gebirgs- bzw. Abbaudynamik in Betracht.

Die Aufgaben der Tunnelbauer sind soeben angegeben. Die Aufgabe der Abbauführung im Steinkohlenbergbau ist die Erhaltung des Zusammenhanges der absinkenden Schichten. Wo diese nicht genügend erreicht wird, entstehen Störungen wie Hangendschläge (Periodendrücke) und Gebirgsschläge bei festen Schichten und Setzungen bei kurzbrüchigen Schichten. Besonders die letzteren zeigen deutlich die Wichtigkeit der Erhaltung des Zusammenhanges der unteren Dachschichten.

Es ist naheliegend, daß die Art der Durchführung der zu treffenden technischen Maßnahmen des Ingenieurs weitgehend beeinflußt werden von den wissenschaftlichen Grundlagen, die ihn bei seinen Überlegungen beeinflussen. Es stehen sich nun zwei Ansichten gegenüber, die sogen. Gewölbetheorie und die sogen. Platten- oder besser Schichtensenkungstheorie.

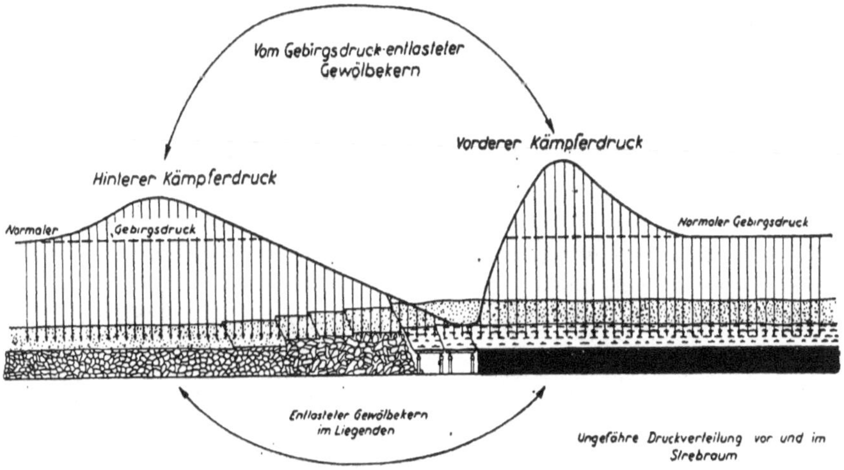

Abb. 59. Ungefähre Druckverteilung vor und im Strebraum (nach SPRUTH)

Die Gewölbetheorie wird am einfachsten durch die Abb. 22 u. 59 und durch die Definition des Herrn Bergass. Dr. F. SPRUTH gekennzeichnet: „Hierunter ist nicht ein gewölbeartiger Hohlraum, sondern ein *vom Druck der überlagernden Schichten weitgehend entlasteter Gewölbekern* zu verstehen (Abb. 59).

Die Schichtensenkungstheorie habe ich im Vorstehenden eingehend erläutert.

Es ist zweifellos eine kritische Beurteilung dieser beiden Ansichten erforderlich, da die falsche gegebenenfalls eine für die Sicherheit des Betriebes und der Belegschaft verhängnisvolle Wirkung haben kann.

Am sichersten führen die Messungen der tatsächlichen Vorgänge zum Ziele. Ich habe mich in meinen Ausführungen stets auf Messungen gestützt, soweit ich sie als Beweisgrundlagen ansehe. Es liegen auch noch weitere Messungen vor, die geeignet sind, die Streitfragen zu klären. Wichtig sind insbesondere die Messungen, die der bekannte Markscheider Direktor Dr. J. WEISSNER-Essen durchführte und unter dem Titel: „Die Gebirgsmechanik vom Abbau bis zur Tagesoberfläche" im Archiv für bergbauliche Forschungen 1942, Heft 1, veröffentlichte[1]).

Herr WEISSNER hat hier eingehend die Wirkungen untersucht, die der Abbau auf einen oberhalb des Flözes bzw. unterhalb desselben vorhandenen Querschlag oder eine Strecke ausübte. Er stellte für die oberhalb und z. T. seitlich liegenden Querschläge zusammenfassend fest, daß nur die dem Abbau *vorauseilende* Zone der Druckanreicherung für den Querschlag gefährlich ist (vergl. Abb. 26). Hintere *Kämpferdruckwirkungen wurden nie beobachtet.*" (Vergl. Abb. 21 im Gegensatz zu Abb. 59). Statt dessen eilte dem Streb eine sehr breite Zone abnehmender Druckanreicherungen voraus. Das Hangende sinkt in kurzer Zeit gleichmäßig und geschlossen ab. Die Senkungsgeschwindigkeit betrug beim Bruchbau rd. 7,5—5,9 mm pro Tag, beim Blindortversatz etwa 3,9 mm/Tag und beim Vollversatz etwa 1 mm/Tag. Daher ist die Wirkungsdauer der Bergschäden über und unter Tage (an den Querschlägen z. B.) bei Bruchbau kürzer als beim Handversatz. Überwiegend sind nur reine Schwerewirkungen nach dem Hohlraum festzustellen. Liegt der Querschlag in *größerer Höhe* über dem in Abbau befindlichen Flöz, so sind die Wirkungen gering. *Die Schichten sinken geschlossen* und *gleichmäßig nach.*

In Abbaustrecken und Querschlägen eilt der Abbaudruck dem Strebstoß etwa 100 m voraus als reine Streckendynamik, die quer zur Streckenachse wirkt. Der bis 60 m voraus eilende Zusatzdruck hat rein dynamische, von den Schwankungen der Gewinnungsvorgänge beeinflußte Wirkung (s. Abb. 37).

Bei tiefer liegenden Strecken und Querschlägen sind Wirkungen nur bis rd. 40 m unterhalb des Flözes bemerkbar.

Bei steiler Lagerung geht die Bewegungsrichtung der absinkenden Schichten anfangs etwa rechtwinklig zur Schichtung, folgt aber mit größer werdender Abbaufläche der Richtung zum Abbauschwerpunkt.

Durch Versuche wurde eine mit dem Druck zunehmende elastische Volumenminderung der Gesteine festgestellt. Sie betrug bei einer Pressung von:

500 kg/cm^2 für Sandstein 0,4%, für Tonschiefer 0,3% und für Kohle 1,25%, sowie bei

1000 kg/cm^2 für Sandstein 0,6%, für Tonschiefer 0,7% und für Kohle 2,20%.

Daraus ergibt sich für eine feste Liegendschicht von 50 m Mächtigkeit bei einer Entspannung von 0,2 Vol.% eine Hebung von etwa 10 cm. Derartige Hebungen des Liegenden werden oft in den Abbauen beobachtet. Die Entspannung geht bei dem weichen Steinkohlengebirge meist langsam vor sich. Jedoch können in flözschlaggefährdeten

[1]) Lüttich 1951, S. 152, 155, 206.

Flözen auch plötzliche Entspannungen insbesondere der Kohle auftreten. Rechnet man einen sich entspannenden Kohlenstreifen von 10 m Breite, so kann bei einer Entspannung um 0,1 Vol.% ein plötzlicher seitlicher Vorschub von 10 mm erfolgen.

Für die Nutzung des Gebirgsdruckes ist die Schichtengleitung offenbar wichtiger als die elastische Volumenentspannung.

Diese Zusammenstellung zeigt, daß ein *Kämpferdruck*, der bei der Gewölbetheorie unvermeidlich ist, nie beobachtet wurde und daß die Senkung schon dicht über dem Abbau im Schichtenzusammenhang in derselben Weise erfolgt, wie über Tage. LABASSE[1]) sagt daher ganz richtig: „Also die gleichen Erscheinungen im Streb und über Tage. Es genügt, beide Punkte durch eine zusammenhängende Linienschar zu verbinden. Letztere wird durch nichts unterbrochen. Nur wo sie von einer besonders beweglichen oder einer bereits vorzerklüftet gewesenen Schicht durchsetzt wird, kommt es zu leicht erklärbaren Voreilungen."

Der em. Prof. L. DENOEL führte gelegentlich der Tagung in Lüttich aus, daß niemand die hypothetischen Gewölbe bisher gesehen hat, und daß ein Gewölbe aus gewachsenem Gestein eine „prekäre" Konstruktion ist.

Zur Ablehnung der Gewölbetheorie muß man auch kommen, wenn man die eigene Definition ihrer Vertreter nachprüft. Das „Gewölbe" kann nur den Sinn haben, den darunter anstehenden Gebirgskern zu entlasten. Das wird auch in der von SPRUTH gegebenen Definition einwandfrei und klar zum Ausdruck gebracht.

Tatsächlich sind aber in allen Fällen, in denen die Biegungssteifigkeit und Biegungsfestigkeit der Hangendschichten nicht ausreicht, um ein festes Dach über dem Abbauraum vom Kohlenstoß bis zum Versatzstoß zu bilden, gerade die Beanspruchungen der unteren Dachschichten dicht am Kohlenstoß, also im angeblich entlasteten Kern unter dem Gewölbebogen, am stärksten und die Maßnahmen zur Erhaltung der Schichtenfestigkeit am wichtigsten.

Die Last des Gewölbekerns würde über dem Abbauhohlraum widerstandslos unmittelbar auf den unteren Dachschichten liegen und die Setzungsgefahren außerordentlich erhöhen. Tatsächlich bleibt aber in Übereinstimmung mit der Absenkungstheorie ein erheblicher Zusammenhalt der Schichten bei sachgemäßem Ausbau und Versatz bestehen (s. Abb. 20 und 21), vor allem, wenn ein Bruch der untersten Dachschichten vermieden wird, weil dann die oberen auf die gelockerten und daher etwas voluminöser gewordenen unteren Schichten so abgestützt werden, daß kein Bruch eintritt, mindestens der Reibungsschluß erhalten bleibt. Es darf nicht übersehen werden, daß diese Abstützung eine durchaus gegenseitige ist. Die Erhaltung der Dachschichten im festen Schichtenverbau ist nach WINSTANLEY der „Ausgangspunkt aller Druck- und Bewegungskontrollen des Hangenden im modernen Strebbau vom Abbauraum bis zur Tagesoberfläche".

Die Gewölbetheorie versagt aber nicht nur in bezug auf die angebliche „Entlastung" des unter dem „Gewölbe" anstehenden „Gebirgskerns". Sie gibt auch keine Möglichkeit einer Erklärung für die vor der „Kämpferfläche" der anstehenden Kohle und hinter der „Kämpferfläche" der Versatzseite des Gewölbes auftretenden Drücke und Senkungsvorgänge. Die Gewölbetheorie gibt keinerlei Möglichkeit einer Erklärung der Absenkungsvorgänge bei bankigem Hangenden, wie sie von MIDDENDORF und JACOBI beschrieben sind (Abb. 24). Man müßte dann schon eine versatzseitige „Stützbreite" von rd. 600 m annehmen, und der „Gewölbekern" müßte im Schichtenverbande bleiben, wenn nicht stärkste Drücke und Setzungsbrüche eintreten sollen. Dann handelt es sich aber nicht mehr um Druckgewölbe, von denen sich der Kern abgelöst hat, sondern um Schichtenabsenkungsvorgänge. Bei der Schichtenabsenkungstheorie werden alle Vorgänge, die sich unter verschiedenartigster Hangendbeschaffenheit abspielen, zwanglos erklärt.

Herr Bergass. Dr. SPRUTH[1]) hat in seinem Beitrag zur Lütticher Gebirgsdrucktagung das Auftreten der WEBERschen Wellen bestritten mit dem Vermerk, daß diese Auffassung völlig unhaltbar sei. Seine Stellungnahme begründete er durch seine Messungen, die er in dem nicht flözschlaggefährdeten Flöz Hugo der Zeche General Blumenthal durchführte und die das Fehlen solcher Wellen erwiesen. In diesem Zusammenhange verweist er darauf, daß auch HOFFMANN[2]) bei seinen zahlreichen Messungen keine regelmäßigen wellenförmigen Druckwirkungen beobachten konnte. Herr SPRUTH hat also seine Stellungnahme zur WEBERschen Wellentheorie wissenschaftlich begründet.

Im Gegensatz hierzu fehlt aber zu der von Herrn SPRUTH ausgesprochenen Ablehnung meiner Darstellung (Abb. 41, S. 65) einer elastischen Durchbiegung von Deckgebirgsschichten, die aus einer Wechsellagerung von biegungssteifen und weicheren Schichten bestehen (siehe Lüttich, Internationale Tagung über Gebirgsdruck und Ausbau am Abbaustoß 1951, S. 89, Abb. 12 und S. 144, Diskussion SPRUTH), jede klare Begründung. Herr SPRUTH geht aus von solchen Dachschichten, die von den sogenannten „Setzrissen" durchsetzt sind. Ich habe aber ausdrücklich vorausgesetzt eine „Wechsellagerung von biegungssteifen und weicheren oder der Aufeinanderfolge biegungssteifer, glatt gegeneinander ablösender Schichten, wenn der Biegungswiderstand der oberen Schichten größer als derjenige der unteren Schichten ist." (S. dort Seite 89, links unten).

Damit ist der Bereich, für welchen die Abbildung gelten soll, klar und eindeutig abgegrenzt. Daß aber in flözschlaggefährdeten Flözen ein biegungssteifes Dachgebirge eine unerläßliche Voraussetzung ist, dürfte wohl auch von Herrn SPRUTH nicht bestritten werden. Dazu ist diese Sachlage viel zu bekannt. Es ist aber für wissenschaftliche Diskussionen eine allgemein anerkannte und daher auch in der Regel beachtete Voraussetzung, den Rahmen der gegenerischen Ausführungen innezuhalten, wenn die Diskussion sachlich bleiben soll. Ich kann daher nur annehmen, daß die von mir für die Abbildung gegebene Voraussetzung der Aufmerksamkeit des Herrn Dr. SPRUTH entgangen war.

Auch die Darstellung des Hohlraumes unter dem „Haupthangenden" wird Herr SPRUTH nicht bezweifeln können. Abgesehen davon, daß auch andere Autoren im absinkenden Dachgebirge derartige Hohlräume dargestellt haben, wie LABASSE (Lüttich S. 232, Abb. 3), WINSTANLEY (Lüttich S. 208, Abb. 9a u. h.), GILLITZER (Lüttich S. 137, Abb. 5) usw., sind solche Hohlräume auch durch Messungen genau nachgewiesen. Im übrigen sollte die von mir entworfene Skizze nur auf die Möglichkeit des Auftretens mehrerer Druckmaxima im anstehenden Flöz hinweisen als eine der möglichen Ursachen der von NIEMCZYK durch Messungen festgestellten, hintereinander folgenden Druckmaxima. Die Skizze stellt also keinen Regelfall dar. Naturgemäß sind die Abmessungen verzerrt, um in der engen Bildfläche das Wesentliche darstellen zu können. Beispielsweise ist die untere Sandsteinschicht zu schwach dargestellt, um für sich ein stark fühlbares Druckmaximum zu erringen. Darum habe ich im Text die Voraussetzung gebracht, daß auch diese Sandsteinschicht biegungssteif sein soll. Die Darstellung kann

[1]) Lüttich 1951. S. 40/41.

[2]) Leoben S. 79. Dr.-Ing. H. HOFFMANN: Neue Erkenntnisse.

daher auch nicht beanstandet werden, um so weniger, als solche Skizzen nie maßstabgerecht sind — es wäre dann meist nicht möglich, die in Frage kommenden Erscheinungen erkennbar darzustellen.

Endlich darf nicht unerwähnt bleiben, daß auch bei einem mit „Setzrissen" durchsetzten Dach die Senkungen in der Regel durchaus gleichartig meiner Darstellung verlaufen. Dazu ist festzustellen, daß die Dachschichten, auch wenn sie von Setzrissen durchzogen sind, entweder im Reibungsschluß als Decke absinken und am alten Mann vom Versatz aufgefangen werden, oder es tritt Setzungsbruch ein.

Im ersten Falle — und das ist der Normalfall — reichen die verwendbaren Maßnahmen aus, wie WINSTANLEY sehr richtig ausführt, um die Schonung der Gesteinskohäsion und der Dachschicht, die „geradezu der Ausgangspunkt aller Druck- und Bewegungskontrollen des Hangenden" ist, in dem erforderlichen Umfange zu erreichen.

Beim Setzungsbruch, den zu verhüten die Kunst des Bergmannes ist, hat er jede Kontrolle über das Gebirgsverhalten verloren.

Gelegentlich der Lütticher Tagung verwies Prof. SELDENRATH (Delft) darauf, daß „KEGEL, LABASSE, GROND, SPRUTH und andere" Meinungen geäußert haben, die einander mehr oder weniger widersprechen. Er führt dann weiter aus: „Von den *deutschen* Fachleuten werden immer wieder als Ausgangspunkt zur Erklärung von diversen Tatsachen der Kämpferdruck, die entspannte Zone (vielleicht fälschlich Trompeter-Zone genannt), die Druckwelle über dem Versatz und damit zusammenhängend die Schlagwetterausströmungen bezeichnet. Da ich persönlich die Ansichten von LABASSE in der Hauptsache teile, möchte ich diesen Widerspruch im Gedanken *mit Beziehung auf die Druckgewölbetheorie* nochmals betonen und auf Grund früher von mir veröffentlichter Resultate einiger Vermessungen in holländischen Gruben verdeutlichen."

Hierzu möchte ich als Deutscher bemerken, daß ich bereits im Jahre 1910 in der Zeitschrift „Der Bergbau", Seite 87 flgd. mit meiner Veröffentlichung:

Die Einwirkung der mechanischen Abbauförderung auf den Abbau von Steinkohlenflözen unter dem Gesichtspunkt der damals allgemein anerkannten Platten-, richtiger Schichtensenkungstheorie, und, fußend auf meine mehrjährigen Erfahrungen im Mansfelder Strebbau, auf die Bedeutung des Abbaudruckes für die Gewinnungsarbeiten im Langstoßbau hingewiesen habe. Ich führte u. a. aus: „Dem Mansfelder Bergmann ist längst bekannt, daß die äußerste Grenze des durch den dortigen Strebbau freigewordenen Druckes in einer bestimmten Linie liegt, welche sich bei richtiger Führung des Strebes dicht hinter der Flözkante, also im noch unabgebauten Flözteil oder eben auf der Flözkante befinden muß. Liegt der Druck *vor* der Flözkante, so ist das Dach brüchig und das Flöz fest und schwer gewinnbar. Liegt der Druck *zu weit* hinter der Flözkante, so ist die Flözkante zerdrückt und die Stücken sind durch das niederdrückende Dach eingeklemmt. In diesem Falle ist nicht allein die Gewinnung durch die Keilhaue, sondern wegen der starken Zerklüftung auch die Schießarbeit sehr erschwert."

Ich habe anschließend darauf hingewiesen, daß die günstigste „Klopfarbeit" einen schnellen Verhieb erfordert, für den die Handförderung nicht ausreicht. Sodann habe ich auch einige Beispiele falscher Strebführung gegeben. Abb. 60 gibt eines dieser Beispiele wieder. Durch das schmale Vortreiben des Abbaues in der Frontmitte liegt man mit dem Abbauraum unter der Drucklinie. Das Dach ist brüchig, während die Schiefern fest sind. Ich folgerte:

„Daraus ergibt sich, daß die Abbaukante in gleichmäßig langgestreckter Linie, sei diese nun gerade oder gekrümmt, geführt werden muß."

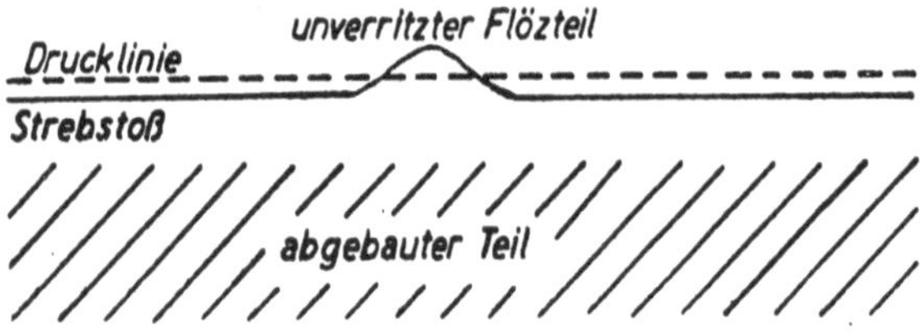

Abb. 60.

Auf die Bedeutung der bogenförmigen Strebfront bin ich damals nicht weiter eingegangen, weil ich dann zu weit vom Thema abgekommen wäre. Ich hielt es für überflüssig, weil sie für den Steinkohlenbergbau m. E. keine Bedeutung hat — eine Annahme, die sich bestätigte.

Ich führte vielmehr aus:

„Es darf allerdings nicht verkannt werden, daß im Steinkohlenbergbau die eben erwähnten Druckwirkungen infolge der milderen Gebirgsbeschaffenheit bei den Differenzen der Abbaugeschwindigkeiten, wie sie beim Mansfelder Strebbau in Frage kommen, sich nicht so auffallend verändern."

Hieran schließen sich noch einige Ausführungen über die wahrscheinliche Wirkung des Abbaudruckes im Steinkohlenstrebbau. In der damaligen Zeit war der Langstoßbau eben erst im rheinisch-westfälischen Steinkohlenbergbau zur Anwendung gelangt, so daß hier über die Abbaudruckwirkungen noch keine Erfahrungen vorlagen. Jedoch habe ich sowohl als Lehrer in Bochum als auch bei meinen Vorlesungen in Freiberg stets auf die Bedeutung des dem Abbau voraneilenden Druckes hingewiesen.

Erst etwa 18 Jahre später, nachdem entsprechende Erfahrungen vorlagen, auf die u. a. WEBER u. Dr. GÄRTNER[1]) aufmerksam gemacht hatten, hat auch SPACKELER die Bedeutung des Abbaudruckes, den er „Nutzdruck" nannte, mit anerkennenswerter Energie sehr nachdrücklich vertreten und zweifellos erheblich dazu beigetragen, daß die Erkenntnis des Wertes dieser Erscheinung in Fachkreisen verbreitet wurde.

Zu gleicher Zeit kam die sogen. Gewölbetheorie auf, die ich von Anfang an bekämpfte[2]). Zur Zeit stehe ich innerhalb der deutschen Fachwelt nicht allein. Insbesondere die Herren, die durch eigene Messungen und Untersuchungen die Druckvorgänge eingehend studierten, wie Dir. Dr. WEISSNER, Dr. H. HOFFMANN u. a. lehnen die Gewölbetheorie ab und vertreten mit mir die alte Schichtensenkungs- bzw. Plattentheorie ebenso wie die Herren LABASSE, SELDENRATH und ihre Anhänger.

---

[1]) Glückauf 1931. Dr. A. GÄRTNER: Die Entspannung des Gebirges und des Gasdruckes durch den Bergbau.

[2]) Glückauf 1929, S. 501/505. KEGEL: Aussprache zu dem Vortrag SPACKELER: Der Nutzdruck als Abbaufolge. Glückauf 1929. S. 461—469 und 498—501.